DER PRAKTISCHE ILLUSTRIERTE RATGEBER

HUNDE-TRAINING

DER PRAKTISCHE ILLUSTRIERTE RATGEBER

HUNDE-TRAINING

Die Hundeschule mit über 300 brillanten Farbfotos

PATSY PARRY

Fotos von Robert und Justine Pickett

NEUER
KAISER
VERLAG

Erstveröffentlichung unter dem Titel:
DOG TRAINING

www.annesspublishing.com; www.lorenzbooks.com

Genehmigte Lizenzausgabe
Neuer Kaiser Verlag GmbH
Fränkisch-Crumbach 2012
www.neuer-kaiser-verlag.de

ISBN (13) 978-3-8468-3001-7
ISBN (10) 3-8468-3001-1

Übersetzung: Andreas Ehrlich, Malgorzata Porzezynska
Herausgeber: Joanna Lorenz
Verantwortlicher Redakteur: Felicity Forster
Fotografie: Robert und Justine Pickett
Schlussredaktion: Richard Rosenfeld
Textergänzungen: Rosie Pilbeam
Gestaltung: Nigel Partridge

Inhalt

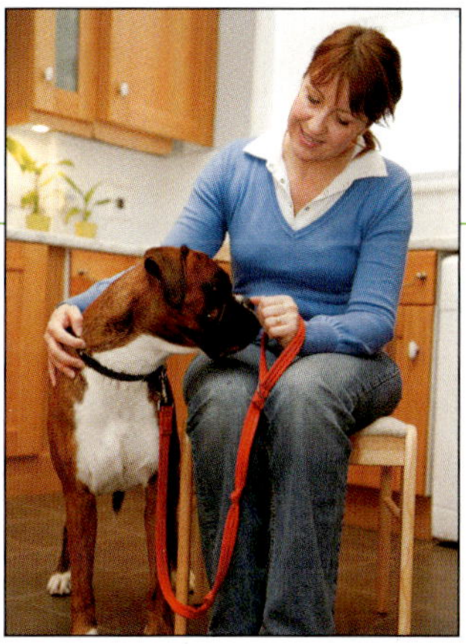

Einleitung

▲ *Lassen Sie Ihren Hund auch von der Leine. Er braucht viel frische Luft und Bewegung.*

Welpen lernen vom Tag ihrer Geburt an. Lange bevor sie ihr neues Zuhause bekommen, haben sie bereits etliche wichtige Lektionen von ihrer Mutter, ihren Geschwistern und dem Züchter erhalten. Dazu gehört unter anderem, wie man an Futter kommt, spielt, bellt und kämpft, aber auch der Umgang mit Frustration, wenn die Mutter die Welpen nicht mehr säugt. Was die Welpen in dieser sensiblen Phase lernen, beeinflusst wesentlich ihren Charakter und ihr Verhalten gegenüber Menschen und anderen Hunden.

Ein weiterer entscheidender Aspekt ist die Umgebung, in welcher der Welpe gehalten wird. Er entwickelt sich nur dann zu einem umgänglichen Hund, wenn er reichlich Kontakt zu Menschen hat. Wird er abgeschottet in einer Scheune gehalten, kann es für ihn schwierig sein, sich in das geschäftige Treiben seines späteren Zuhauses einzufinden, was zu Aggressivität führen kann. Deshalb gilt: Je früher ein Welpe sich an Menschen gewöhnt, desto besser.

Aber auch die Umgebung, in der Sie leben, beeinflusst seine Entwicklung. Wohnen Sie auf dem Land, kann es sein, dass Ihr Hund weniger Kontaktfreude zeigt als sein in der Stadt lebender Artgenosse, einfach weil er seltener in Kontakt mit anderen Hunden und Menschen kommt. Der Stadthund dagegen verbringt viel Zeit in belebten Parks, wo er unweigerlich auf andere Hunde trifft. Hier lernt der Welpe schnell das ganze Spektrum des Hundeverhaltens kennen – von Feindseligkeit bis zu einem freundlichen Hallo.

◀ *Kein Hund ist zu klein, um zu lernen. Dabei gelten immer die gleichen Erziehungsgrundsätze – unabhängig von Größe und Aussehen.*

DIE BEDEUTUNG VON ERZIEHUNG

Über diese generellen Einflüsse hinaus liegt es an Ihnen, Ihrem Hund alles Wichtige beizubringen, zum Beispiel rund um Napf und Leine. Denn es erleichtert Ihr Hundehalterleben wesentlich, wenn Ihr Hund brav wartet, bis Sie sein Fressen zubereitet haben, anstatt wie wild herumzuspringen – was auch für das Anleinen gilt. Zudem zeigen diese

▼ *Gegenseitiges Verständnis trägt maßgeblich zu einem erfolgreichen Training bei.*

beiden Lektionen Ihrem Hund, dass er mit gutem Verhalten mehr erreicht als mit schlechtem.

Dabei ist es Ihre Aufgabe, das Training so einfach wie möglich zu gestalten. Hundeerziehung beruht auf Gegenseitigkeit: Sie müssen Ihren Hund verstehen und Ihr Hund Sie. Sie müssen eindeutige Kommandos geben und dafür sorgen, dass sie verstanden werden. Je klarer Ihre Erziehungsmethode ist, desto schneller weiß Ihr Hund, was Sie von ihm wollen – und desto besser ist das Ergebnis.

BELOHNEN SIE RICHTIGES VERHALTEN

Belohnen Sie Ihren Hund unmittelbar, wenn er im Training das tut, was Sie möchten. Nach einiger Zeit hat er das entsprechende Verhalten erlernt. Reagiert er nicht wie gewünscht, ignorieren Sie ihn. Denn wenn er erkennt, dass sein Verhalten nicht belohnt wird, wird er es ändern.

Achten Sie darauf, dass Sie falsches Verhalten nicht belohnen, da Ihr Hund sonst denkt, Sie möchten, dass er sich so benimmt. Senden Sie keine falschen Signale. Wenn Ihr Hund Sie anstupst, um gestreichelt zu werden, und Sie tun es, wird er zukünftig auf diese Weise Ihre Aufmerksamkeit suchen. Gelingt es ihm, einen Leckerbissen zu stehlen und Sie belohnen ihn, indem Sie ihn diesen fressen lassen, wird er es wieder versuchen. Nimmt er etwas ins Maul und Sie rennen ihm nach, um es zurückzubekommen, weiß er, wie er Sie dazu bekommt, mit ihm zu spielen.

Fördern Sie von Anfang an richtiges Verhalten. Das bedeutet, sowohl das gewünschte Benehmen zu belohnen als auch falsches zu ignorieren beziehungsweise zu unterbinden. So vermeiden Sie später eine Menge Probleme.

Der Schlüssel erfolgreicher Hundeerziehung ist Motivation. Finden Sie heraus, was Ihren Welpen besonders motiviert. Zeigt er weder Interesse an Leckerlis noch an Spielzeug und Streicheleinheiten, haben Sie ein Problem – und einen ungewöhnlichen Hund. Alle Hunde lassen sich motivieren, Sie müssen nur wissen womit.

Terrier gelten oftmals als schwer erziehbar, da sie sich nur selten mit Futter motivieren lassen.

► *Die Bindung zwischen Ihnen und Ihrem Hund wächst im Laufe des Trainings.*

▲ *Ein gut erzogener Hund ist ein wundervoller Begleiter.*

Belohnen Sie sie stattdessen mit Spielsachen und Lob. Beachten Sie außerdem, dass das, was Sie für eine tolle Belohnung halten, für Ihren Hund nicht unbedingt eine solche sein muss.

Der beste Weg, mit Schwierigkeiten dieser Art umzugehen, ist, sie nicht als Problem anzusehen. Einige Rassen lassen sich leicht trainieren, bei anderen ist es schwieriger. Und es liegt an Ihnen, eine kreative Lösung zu finden. Hören Sie nicht darauf, wenn man Ihnen sagt, bestimmte Hunde wären stur, dominant oder faul. Das Problem liegt nicht beim Hund, er wurde einfach nur falsch erzogen.

ÜBER DIESES BUCH

Dieses Buch gibt zu Beginn einen Überblick darüber, was einen verantwortungsbewussten Hundebesitzer ausmacht und wie Sie Ihren Welpen zu Hause willkommen heißen. Von der Stubenreinheit bis hin zu Beutespielen werden alle Grundlagen erklärt und Sie erhalten Anleitung für Basisübungen wie „Sitz", „Platz", „Aus" und „Bleib" sowie Lösungen für auftretende Probleme. Ziel dieses Buches ist, Hundeerziehung leicht und spielerisch zu gestalten und Sie mit den wichtigsten Methoden vertraut zu machen.

LOS GEHT'S

Die Entscheidung für einen Hund sollte wohlüberlegt sein. Dabei ist wichtig, eine Rasse auszuwählen, die zu Ihrem Lebensstil passt. Denn es wäre töricht, sich ein Tier anzuschaffen, das ein hohes Maß an Bewegung braucht, wenn Sie sich selbst kaum bewegen. Auch sollten Sie mit den Haaren leben können, die ein Hund verliert. Suchen Sie gegebenenfalls nach einer Rasse, die nur wenig haart. Welche anderen Voraussetzungen muss „Ihr" Hund erfüllen? Haben Sie ihn gefunden, fragen Sie Tierärzte und andere Hundebesitzer nach einem guten Züchter. Sie sollten sich zudem über die Kosten im Klaren sein, die ein Hund – zusätzlich zum Kaufpreis – verursacht (Tierarzt, Futter, Ausrüstung, Hundeschule). Einen Hund zu halten ist nicht billig, aber die Liebe und Zuneigung, die Sie im Gegenzug bekommen, ist jeden Cent wert.

◄ *Für das Training mit Ihrem Hund brauchen Sie eine Belohnung. Selbst gemachte Leckerlis sind eine gesunde Wahl – und Sie wissen genau, was Ihr Hund bekommt.*

Der verantwortungsbewusste Hundehalter

Das Zusammenleben mit einem Hund ist ein Privileg und gleichzeitig eine große Verantwortung, die Sie nicht auf die leichte Schulter nehmen sollten. Bevor Sie sich für einen Hund entscheiden, gilt es daher einige Punkte zu bedenken: Haben Sie genügend Zeit für einen Hund? Passt die ausgesuchte Rasse zu Ihren Lebensumständen? Auch sollten Sie die Kosten bedenken, zum Beispiel für den Tierarzt, für die Hundeschule und für hochwertiges Futter. Denn der Preis ist in der Regel ein guter Indikator für die Qualität des Futters. Billig ist hier häufig gleichzusetzen mit minderwertigen Zutaten.

Sie sind auch dafür verantwortlich, den Welpen mit anderen Hunden und Menschen vertraut zu machen. Zudem haben Sie dafür zu sorgen, dass er täglich Bewegung bekommt – auch wenn Sie gerade keine Lust haben, weil es regnet. Es ist wichtig, dass Ihr Hund kein Ärgernis darstellt, weder für andere Hunde, noch für Parkbesucher, noch für Nachbarn. Hunde, die tagsüber allein bleiben müssen, sollten nicht ununterbrochen bellen. Und wenn doch, liegt es an Ihnen, eine Lösung für dieses Problem zu finden.

▲ *Hunde sollten niemals ein Ärgernis für andere darstellen.*

Kurz gesagt: Stellen Sie sicher, dass Ihr Hund all die Aufmerksamkeit und Pflege bekommt, die er benötigt.

RECHTLICHE ASPEKTE

In vielen Ländern gibt es gesetzliche Regelungen bezüglich der Haltung bestimmter Hunde. In Deutschland gilt für sogenannte Listenhunde wie den Pitbull Terrier, den Bullterrier und den American Staffordshire Terrier ein Zucht- und Einfuhrverbot. Darüber hinaus führen einige Bundesländer eigene Rasselisten mit Hunden, die als gefährlich angesehen werden. Für sie gilt eine – teilweise durch Überprüfung aufhebbare – Leinen- und Maulkorbpflicht. Diese kann auch auf nicht in der Liste aufgeführte Hunde ausgedehnt werden, wenn sie aufgrund ihrer Aggressivität ebenfalls als „gefährlich“ einzustufen sind. Verstöße gegen diese Regelungen können mit einem Bußgeld von bis zu 50000 Euro geahndet werden.

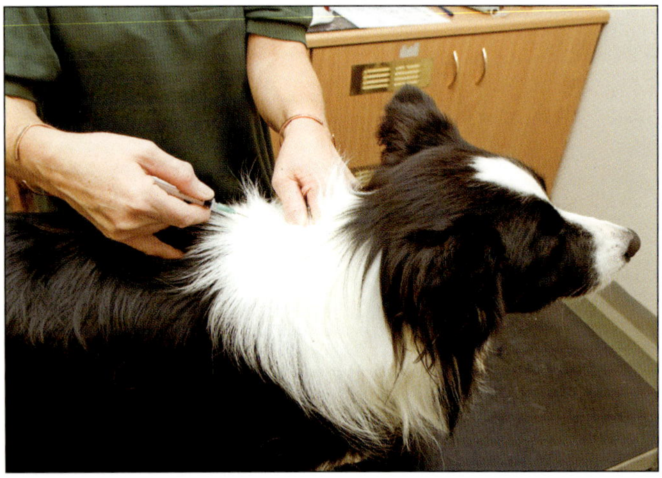

◄ *Regelmäßige Impfungen halten Ihren Hund zeit seines Lebens gesund.*

► *Ihr Hund kann nicht für sich selbst sprechen. Deshalb ist eine Hundemarke mit Ihren Kontaktdaten sinnvoll.*

◀ *Führen Sie immer Hundekotbeutel mit sich. Sie können in jeden Mülleimer geworfen werden.*

Als verantwortungsbewusster Hundehalter müssen Sie generell sicherstellen, dass Sie Ihren Hund unter Kontrolle haben. Trainieren Sie deshalb regelmäßig mit ihm, damit er auch tatsächlich zu Ihnen kommt, wenn Sie ihn rufen, und keinen Joggern, Kindern und Fahrradfahrern hinterherjagt.

In Deutschland gibt es im Gegensatz zu anderen europäischen Staaten keine Impfpflicht. Bestimmte Immunisierungen, zum Beispiel gegen Staupe, Parvovirose, Tollwut und Hepatitis, werden jedoch von Tierärzten dringend empfohlen. Lassen Sie sich zu diesem Thema deshalb unbedingt ausführlich beraten.

Zudem sollte Ihr Hund eine Hundemarke an seinem Halsband tragen, auf der Ihr Name, Ihre Adresse und möglichst Ihre Telefonnummer vermerkt sind. Alternativ können Sie auch das Halsband direkt mit Ihren Kontaktinformationen versehen lassen. So kann der Finder Sie kontaktieren, falls Ihr Hund einmal verloren gehen sollte.

Darüber hinaus verpflichten viele Kommunen die Hundehalter, den Kot ihrer Hunde zu beseitigen. Sie mag die Hinterlassenschaft Ihres Hundes nicht stören, aber andere schon. Und nichts ruiniert den Ruf von Hundehaltern schneller als Hundekot auf Gehwegen, Grünflächen etc. – übrigens ein Grund dafür, warum das Betreten bestimmter Parks und Strände mit Hunden generell verboten ist. Viele Gemeinden haben mittlerweile Beutelspender mit einer entsprechenden Mülltonne zur Beseitigung des Hundekots aufgestellt. Entsprechende Beutel gibt es aber auch in jeder Zoohandlung (siehe Seite 22). Sie dürfen in jeden Abfallbehälter geworfen werden, manche sind sogar kompostierbar.

Anforderungen an Ihre Zeit

Wenn Sie darüber nachdenken, sich einen Hund anzuschaffen, sollten Sie sich als Erstes Ihren Lebenswandel vergegenwärtigen. Haben Sie die nötige Zeit und wollen Sie diese für einen Hund aufbringen? Hunde brauchen Bewegung (einige, wie Collies, sogar sehr viel) und mentale Stimulation, zum Beispiel in Form eines Geschicklichkeitstrainings oder kleiner Spiele wie „Finde das Spielzeug“. Das kostet Zeit – jeden Tag, solange der Hund lebt. Hunde brauchen zudem Ansprache und dürfen nicht einfach in den Garten „verbannt“ werden. Für die Erfüllung all dieser Bedürfnisse sind Sie verantwortlich, auch wenn Sie gerade müde sind. Ein Hund ist eine lebenslange Verpflichtung.

▼ *Regelmäßige Bewegung an der frischen Luft macht Hunde glücklich.*

Rücksicht nehmen auf andere

Wenn Sie mit Ihrem Hund unterwegs sind, sollten Sie sich immer der anderen Hundebesitzer um Sie herum bewusst sein und der Wirkung Ihres Hundes auf diese. Ein verantwortungsbewusster Hundehalter nimmt stets Rücksicht auf andere.

SEIEN SIE UMSICHTIG

Lernen Sie die Zeichen zu erkennen. Ist der andere Hund friedlich und sein Besitzer einverstanden, können Sie die beiden miteinander spielen lassen. Ruft der Besitzer seinen Hund jedoch zurück und nimmt ihn an die Leine, gibt es dafür sicher einen guten Grund. Vielleicht reagiert dieser aggressiv auf fremde Hunde oder Menschen. Und nur weil Ihr Hund gut sozialisiert ist, heißt das nicht, dass Sie ihn auf andere zulaufen lassen sollten – mit dem Hinweis: „Der will nur spielen!" Nehmen Sie Rücksicht. Leinen Sie Ihren Hund an und fragen Sie, ob er Kontakt aufnehmen darf.

Hat Ihr Hund in dieser Hinsicht Probleme, stellen Sie sicher, dass Sie ihn stets unter Kontrolle haben. Legen Sie ihm gegebenenfalls einen Maulkorb an und lassen Sie ihn niemals – selbst wenn er gut erzogen ist – in freier Wildbahn laufen. Das dient der Sicherheit Ihres Hundes, der Sicherheit von Nutz- und Wildvieh sowie Ihrer eigenen Sicherheit.

▲ *Fragen Sie, bevor Sie Ihren Hund mit anderen Hunden im Park Kontakt aufnehmen lassen.*

FELD, WALD UND WIESE

Hat Ihr Hund einen stark ausgeprägten Jagdtrieb, sollten Sie Gegenden mit viel Nutz- und Wildvieh meiden. Denn auch wenn er das Tier nicht erwischt, kann es zu Unfällen mit tödlichem Ausgang kommen. Schafe beispielsweise sind „Fluchttiere", die davonrennen, sobald sie eine Gefahr wittern. Und unter Umständen endet eine solche Flucht damit, dass die Schafe in einem Stacheldrahtzaun landen, in einem Fluss beziehungsweise See ertrinken oder in ein Auto laufen. Trächtige Schafe können sogar so traumatisiert werden, dass sie eine Fehlgeburt erleiden.

Es hat auch schon Fälle gegeben, in denen Hundehalter durch Rinder zu Tode gekommen sind, weil diese ihren Nachwuchs vor einem wild bellenden Hund schützen wollten. (Werden Sie von Rindern verfolgt, bringen Sie sich sofort in Sicherheit. Versuchen Sie nicht, Ihren Hund zu schützen, er kann dem aufgebrachten Vieh besser entfliehen als Sie.)

Auch für Hasen oder Rehe bedeutet das Gehetztwerden großen Stress. Lassen Sie in wildreichen Gebieten also besondere Umsicht walten und nehmen Sie Ihren Hund gegebenenfalls an die Leine. In Schutzgebieten

▼ *Halten Sie Ihren Hund unter Kontrolle, damit er niemanden belästigt.*

▼ *Ausflüge an belebte Plätze fördern die Sozialisierung Ihres Hundes.*

▲ *Beim Spiel zweier gut erzogener Hunde gibt es auch ohne Leine keine Probleme.*

und während der Setz- und Brutzeit, also zwischen dem 1. April und 15. Juli, herrscht in der Regel sogar Leinenzwang. Generell darf ein Jäger Ihren Hund unter bestimmten Umständen sogar erschießen, um den Schutz des Wildes zu gewährleisten.

Darüber hinaus gibt es noch einige andere einfache Regeln, die Sie in der freien Wildbahn beherzigen sollten: Öffnen Sie ein Gatter, schließen Sie es bitte auch wieder, damit keine Tiere entlaufen können. Nehmen Sie Ihren Müll wieder mit und bleiben Sie auf den markierten Wegen. Spazieren Sie nicht durch Felder mit Nutzpflanzen. Sie beschädigen nicht nur die Pflanzen, sondern kommen möglicherweise auch in Kontakt mit Pflanzenschutzmitteln, die für Ihren Hund giftig sein können. Und entsorgen Sie den Kot Ihres Hundes vorschriftsgemäß. Genießen Sie die Natur, aber denken Sie daran, dass andere dies ebenfalls tun wollen.

Zum Abschluss noch ein weiterer Hinweis zum Thema Leinenpflicht: Im Gegensatz zu den meisten anderen europäischen Ländern gibt es in Deutschland keine generelle Leinenpflicht, lediglich auf Länderebene existieren entsprechende Vorschriften (zum Beispiel in Nordrhein-Westfalen und Berlin). Häufig wird die Verantwortung aber auch an die Gemeinden abgeschoben, weshalb die Regelungen von Ort zu Ort variieren können. In großen Menschenansammlungen sowie auf belebten Plätzen sollten Sie Ihren Hund jedoch generell an die Leine nehmen.

Vorsicht bei Nutztieren

In der Landwirtschaft werden nicht nur Rinder, Schweine und Schafe als Nutztiere gehalten, sondern auch Rotwild und Wildgeflügel. Da diese Tiere von Natur aus scheu sind, werden Sie sie möglicherweise nicht auf Anhieb sehen oder hören. Vermuten Sie sie in der Nähe, bleiben Sie auf den markierten Wegen und lassen Sie Ihren Hund nicht von der Leine.

► *Damit Ihr Hund keine Pferde erschreckt, sollten Sie ihn anleinen.*

▼ *Schafe sind besonders wachsam. Halten Sie mit Ihrem Hund also Abstand.*

Kinder und Hunde

Eltern sind häufig stolz darauf, dass ihre Kinder alles mit dem Familienhund machen können und dieser so gutmütig ist, dass er sich das gefallen lässt. Was diese Eltern übersehen, ist, dass ein harmonisches Zusammenleben von Kind und Hund klarer Regeln bedarf.

GRUNDREGELN

Kinder müssen dem Hund Raum geben und ihn in Ruhe lassen, wenn er schläft. Sie sollten ihn auch nicht wie einen Teddybären herumtragen, ihn nicht am Hals umarmen und ihn nicht wiederholt küssen, da der Hund zuschnappen könnte. In der Tat ist es so, dass ständiges Knuddeln und Herumtragen Ihren Welpen mürrisch und bissig werden lässt. Dann denken die Eltern oft, der Hund wäre aggressiv, obwohl das Kind für dessen Verhalten verantwortlich ist. Bedenken Sie zudem, dass nicht alle Hunde so engen Kontakt mögen. Auch sollte ein Welpe nicht wie eine Puppe angezogen werden. Machen Sie Ihrem Kind klar: Kein Ziehen am Schwanz, an den Ohren oder an der Nase und kein Stupsen oder Knuffen, selbst wenn der Hund im Weg steht.

Belohnen Sie sowohl Ihr Kind als auch Ihren Hund für einen guten Umgang miteinander. Das hilft, eine positive Beziehung zwischen den beiden aufzubauen. Besser noch: Beziehen Sie Ihr Kind in die Hundeerziehung mit ein. So lernt Ihr Hund auf Ihr Kind zu hören und es zu respektieren.

Vor allem kleine Kinder müssen lernen, wie ihre natürliche Überschwänglichkeit sich auf das Verhalten eines Welpen auswirken kann. Hüpft es auf und ab, schreit, johlt und wedelt mit den Armen, überträgt sich das auf den Hund und plötzlich sind beide außer Kontrolle. Noch schlimmer: Das Kind könnte den Hund bei dem Versuch, ihn zu kontrollieren, versehentlich schlagen. Und da beide nicht für ihre Geduld bekannt sind, insbesondere wenn sie müde sind, sollten Sie Ihr Kind nie unbeaufsichtigt mit Ihrem Hund spielen lassen.

▼ Eine gute Beziehung ist gut für Kind und Hund.

▲ Unter Aufsicht können Kinder einen aktiven Part bei der Hundeerziehung übernehmen.

Ein kleines Kind sollte zudem nie mit dem Hund allein im Zimmer gelassen werden, egal, wie sehr Sie dem Tier vertrauen. Seien Sie auch draußen wachsam und lassen Sie Ihr Kind den Hund nicht allein Gassi führen. Überlegen Sie: Hat es den Hund auch bei einer Begegnung mit einem aggressiven Artgenossen unter Kontrolle, beseitigt es Hundehaufen zuverlässig und besitzt es die nötige Kraft, um den Hund sicher zu halten? Stellen Sie schließlich sicher, dass Ihr Kind keine fremden Hunde streichelt, ohne vorher den Halter um Erlaubnis zu fragen. Denn nicht alle Hunde sind so kinderfreundlich wie Ihrer.

BEZIEHEN SIE KINDER MIT EIN

Glücklicherweise ist es leicht, Kinder in alle Aspekte der Hundehaltung mit

▲ *Wird das Spiel gröber, trennen Sie Hund und Kind am besten.*

▲ *Schläft der Hund, bitten Sie Ihr Kind, ihn in Ruhe zu lassen.*

▲ *Gegenseitiger Respekt ist die Grundlage für eine gute Beziehung.*

einzubeziehen. Einige Hundeschulen ermutigen Eltern, zusammen mit ihren Kindern am Unterricht teilzunehmen, um ihnen den Umgang mit dem Familienhund zu erleichtern und eine auf gegenseitigem Respekt und Vertrauen basierende Beziehung zu ermöglichen.

Sicherheit

Haben Sie ein Krabbelkind im Haus, sollten Sie den Futternapf außer Reichweite stellen, sobald der Hund mit Fressen fertig ist. Zum einen besteht die Möglichkeit, dass das Kind das Futter isst, zum anderen könnte der Hund sein Futter verteidigen wollen.

Die Freunde Ihres Kindes sind möglicherweise den Umgang mit einem Hund nicht gewohnt. Und da es nahezu unmöglich ist, gleichzeitig auf mehrere kleine Kinder und einen Hund aufzupassen, ist es am besten, den Hund in ein anderes Zimmer zu schaffen oder ihn in seiner Box unterzubringen. So besteht weder für Kind noch für Hund eine Gefahr.

GESUNDHEITSFRAGEN

Viel wurde über die gesundheitlichen Risiken für Kinder im Umgang mit Hunden geschrieben. Doch im Vergleich zu den Vorzügen – sowohl für Kind als auch Hund – sind sie nur gering. Die größte Gefahr besteht im Befall mit Würmern, deren Eier mit dem Kot ausgeschieden werden. Allerdings ist die Gefahr eines Wurmbefalls bei Katzen deutlich größer als bei Hunden.

Die regelmäßige Entwurmung Ihres Tieres ist daher besonders wichtig. Sprechen Sie mit Ihrem Tierarzt darüber. Zudem sollten Sie Ihren Kindern beibringen, sich nicht ins Gesicht zu fassen, wenn Sie mit dem Hund spielen, und sich danach die Hände zu waschen.

▼ *Mit der Zeit wird Ihr Hund lernen, den Kommandos Ihres Kindes zu folgen.*

Kastration, Sterilisation und Zucht

Ein verantwortungsbewusster Hundehalter zu sein, bedeutet auch, dass Sie nicht die Zahl der Hunde erhöhen, die in Tierheimen ihr Dasein fristen. Jedes Jahr werden tausende Hunde ausgesetzt, weil sie unerwünscht sind. Die Kastration beziehungsweise Sterilisation verhindert nicht nur ungewollte Schwangerschaften, sondern hat auch gesundheitliche Vorteile. Sie verringert das Risiko von Prostata-Erkrankungen und Hodenkrebs bei älteren Rüden sowie von Mammatumoren und Pyometra (eine eitrige Entzündung der Gebärmutter) bei Hündinnen.

KASTRATION UND STERILISATION

Viele Hundehalter glauben, eine Kastration würde sämtliche Verhaltensprobleme bei einem erwachsenen Hund lösen, inklusive des Anspringens und der Überaktivität. In Wahrheit hilft sie nur bei testosteronbedingten Verhaltensstörungen (und nicht bei solchen, die auf dem Fordern von Aufmerksamkeit beruhen), wie dem Streunen durch die Nachbarschaft auf der Suche nach einer läufigen Hündin, dem Markieren, dem Bespringen von Objekten und Menschen sowie bei aggressivem Verhalten unter Rüden, wobei entsprechendes Training zusätzlich nötig ist. Kastration und Sterilisation verändern nicht – wie häufig irrtümlich angenommen – die Persönlichkeit eines Hundes noch führen sie dazu, dass er dick wird. Beide Eingriffe machen ihn aber zu einem zufriedeneren und glücklicheren Mitglied der Familie.

Sterilisierte Hündinnen werden auch nicht mehr scheinschwanger, was sowohl für den Hund als auch für den Besitzer eine echte Erleichterung ist. Denn eine scheinschwangere Hündin betrachtet ihr Spielzeug als Welpenersatz, wird anderen Hunden gegenüber aggressiv, zieht sich zurück, ist launisch und frisst nicht mehr.

▼ *Tierärztliche Untersuchungen sind wichtig für gesunden Nachwuchs.*

▲ *Hündinnen können bis zu zwölf Welpen pro Wurf haben.*

Das Thema Kastration und Sterilisation weckt in vielen Menschen starke Emotionen, deshalb ist es wichtig, das Wohl des Hundes nicht aus dem Blick zu verlieren. Warten Sie mit dem Eingriff, bis Ihr Hund sowohl emotional als auch körperlich erwachsen ist. Zeigt Ihr Rüde durch einen hohen Testosteronspiegel bedingte Verhaltensstörungen, sollten Sie ihn lieber früher als später kastrieren lassen.

SELBST ZÜCHTEN

Entscheiden Sie sich dafür, Ihre Hündin werfen zu lassen, sollten Sie sich das gut überlegt haben. Denn die Zucht ist eine verantwortungsvolle, zeitraubende Aufgabe. Ihre Hündin benötigt in den ersten Wochen eine Rückzugsmöglichkeit von jeglichem Trubel im Haus. Und wenn Sie denken, Sie könnten damit einen

Gesundheitsprüfungen für bestimmte Rassen

Bevor Sie mit der Zucht beginnen, sollten Sie einige Gesundheitsprüfungen vornehmen. Einige Rassen, wie Labrador, Border Collie und Golden Retriever, neigen zu Hüftdysplasie (HD), einer Fehlentwicklung des Hüftgelenks. Sie lässt sich mittels Röntgen feststellen, wobei der Hund mindestens 1 Jahr alt sein sollte. Je nach Befund wird zwischen fünf Schweregraden unterschieden. „A" bedeutet HD-frei, „E" deutliche Veränderungen an den Hüftgelenken. Border Collies und tibetische Hunde sind besonders anfällig für Schwerhörigkeit, während Cavalier King Charles Spaniel und Boxer häufig Herzprobleme haben. Und natürlich sollten sowohl Rüde als auch Hündin ein gutes Temperament besitzen und nicht aggressiv sein.

Cavalier King Charles Spaniel

Labrador

Border Collie

Boxer

Golden Retriever

Dalmatiner

schnellen Euro machen, haben Sie sich gründlich getäuscht.

Ihre erste Aufgabe ist, zu prüfen, wie wahrscheinlich ein Kaiserschnitt ist. Und natürlich sollten Sie wissen, was zu tun ist, wenn während der Geburt Komplikationen auftreten. Die Größe des Wurfs kann von einem bis zwölf Welpen variieren, wobei größere Hunde mehr Welpen zur Welt bringen – die alle versorgt werden müssen. Sie müssen mit der Erziehung der Hunde beginnen, die ersten Impfungen veranlassen und sie mit ihrer Umgebung vertraut machen, bis sie nach 8 Wochen bereit für ihr neues Zuhause sind.

Sie müssen zudem über ausreichend Fachwissen verfügen, um die neuen Besitzer in allen Belangen beraten zu können, von Ernährung über Entwurmung bis hin zu Sozialisation und Training. In diesem Zusammenhang werden zahlreiche „Notrufe" bei Ihnen eingehen. Stellen Sie sich also darauf ein, dass Sie auch nach dem Verkauf der Welpen Ansprechpartner bleiben.

Entscheiden Sie sich dennoch für die Zucht, prüfen Sie die Eignung der möglichen neuen Hundehalter, indem Sie sie zu Hause besuchen. Und seien Sie schließlich darauf vorbereitet, die Welpen auch wieder zurück in Ihre Obhut zu nehmen, wenn etwas schiefläuft.

Rasse und Lernbereitschaft

Es gibt nichts Entmutigenderes, als in der Hundeschule neben einem höchst zugänglichen Border Collie oder Labrador zu stehen, der jedes Kommando perfekt ausführt, während der eigene Terrier einen komplett ignoriert und gelangweilt ist.

Ein Teil der Lösung dieses Problems ist, vorbereitet zu sein. Wenn Sie sich mit den Eigenschaften der jeweiligen Hunderasse vertraut machen, wissen Sie, auf welche Charakterzüge Sie sich in etwa einstellen müssen und welche Trainingsmethoden für Ihren Hund geeignet sind.

HÜTEHUNDE

Collies und Shepherds müssen lernen, nicht alles zu hüten, was sich um sie herum bewegt. Das können Sie zum Beispiel erreichen, indem Sie dem Hund einen Tennisball zum Spielen geben. Aber setzen Sie diesen klug ein, sonst fixiert sich der Hund so auf den Ball, dass er die meiste Zeit „unter Strom" steht. Spielt er ausschließlich mit seinem Ball, verliert er zudem die Fähigkeit, mit anderen Hunden zu interagieren.

JAGDHUNDE

Spaniel sind Jagdhunde, die ihre Nase am liebsten dazu benutzen, um Wild aufzuscheuchen (Labradore hingegen apportieren lieber das geschossene Tier). Sie neigen dazu, ihre Umwelt komplett auszublenden, wenn sie einer Fährte folgen. Und wenn Ihr Hund in seiner Jugend nicht gelernt hat, auf Kommando zurückzukommen, werden Sie schnell merken, dass Sie ihn so laut rufen können, wie Sie wollen – er wird Sie ignorieren. Er ist so auf die Fährte fixiert, dass er Sie nicht hört. Der Vorteil einer Pfeife ist, dass sie genau die richtige Tonhöhe hat, um diese Konzentration zu stören.

Genauso bekommen Sie Beagles und Bassets dazu, zu Ihnen zurückzukommen, obwohl sie ebenfalls gern einer Fährte folgen. Voraussetzung ist jedoch auch hier ein permanentes Training in der Jugend. Bedenken Sie, dass einige Jagdhunde wie Whippets und Lurcher sich leicht langweilen. Hier empfehlen sich mehrere kurze Übungseinheiten von 5 Minuten.

▲ *Huskys sind schnelle Hunde, die gezüchtet wurden, um unter rauen Bedingungen zu arbeiten.*

NORDISCHE RASSEN

Nordische Hunde wie Huskys, Alaskan Malamutes und Northern Inuits können ebenfalls schwer zu motivieren sein, da sie alle gezüchtet wurden, um unabhängig von ihrem Besitzer zu arbeiten.

▼ *Für Collies eignen sich Ballspiele sehr gut.*

▼ *Da sie früher zur Fuchsjagd eingesetzt wurden, können Terrier hervorragend graben.*

▶ *Greyhounds sind Rennhunde, die bekannt für ihre Schnelligkeit sind.*

DAS RICHTIGE TRAINING

Vielleicht ist Ihr Hund ja so intelligent und lernbegierig wie ein Toy Pudel. Anderen Rassen schreibt man dagegen eine gewisse Starrköpfigkeit oder Dummheit zu (Basset Hounds beispielsweise wird oftmals mangelnde Intelligenz nachgesagt). Dennoch: Jeden Hund kann man erfolgreich trainieren, wenn man sich die Mühe macht, herauszufinden, womit man ihn motivieren kann, und die angebotene Belohnung für den Hund erstrebenswert genug ist.

Dabei sollten Sie darauf achten, dass die Belohnung Ihres Hundes nicht zu Verärgerung bei anderen Hundebesitzern führt, die gleichzeitig mit Ihnen trainieren. Vermeiden Sie in der Hundeschule also möglichst quietschende Spielzeuge. Sie erregen zwar die Aufmerksamkeit Ihres Hundes, stören aber die Konzentration aller anderen. Lässt sich Ihr Hund leicht ablenken, halten Sie die Trainingseinheiten kurz und gestalten Sie sie lebendig, sodass die Motivation nicht nachlässt. Terrier zum Beispiel sind energiegeladene, aktive Hunde, die ein ebensolches Training benötigen, wenn sie sich nicht langweilen sollen.

Die Rolle der Gene

Die Gene eines Hundes spielen eine wichtige Rolle in Bezug auf sein Verhalten und seine Lernbereitschaft: Collies sind Hütehunde, die harte Arbeit mögen – genau wie Schäferhunde, die aber auch gute Wachhunde abgeben. Jagdhunde sind besonders gut darin, Wild aufzuscheuchen und zur Strecke zu bringen; Labradore apportieren selbst solche Dinge, die Sie eigentlich gar nicht haben möchten, und Spaniel lieben es, Fährten aufzuspüren und zu verfolgen.

Zu wissen, welches Verhalten für Ihren Hund natürlich ist, hilft Ihnen, die richtige Wahl zu treffen. Wenn Sie sich für einen Hund einer bestimmten Rasse entscheiden, müssen Sie sich sicher sein, dessen Bedürfnisse später im Alltag erfüllen zu können.

Das natürliche Verhalten eines Hundes lässt sich nicht gänzlich ausmerzen, aber mit dem richtigen Training können Sie seine angeborenen Instinkte in vernünftige Bahnen lenken.

◀ *Bernhardiner wurden ursprünglich gezüchtet, um Verschüttete im Schnee zu finden.*

▶ *Schäferhunde sind intelligent und loyal. Sie werden deshalb oft in der Armee und bei der Polizei eingesetzt.*

Zubehör

Zoohandlungen bieten eine große Auswahl an Produkten für Ihren Hund, weshalb Sie sich schon im Vorfeld damit beschäftigen sollten, welche Ausrüstung Sie benötigen beziehungsweise welche für Ihren Hund am geeignetsten ist. Besonders wichtig sind natürlich Halsband und Leine.

HALSBÄNDER

Halsbänder mit einer Schnalle oder einem Clipverschluss sind die optimale Ausrüstung für die Erziehung Ihres Hundes. Ist er ausgewachsen, kaufen Sie ihm das hochwertigste Halsband, das Sie sich leisten können. Ein Lederhalsband ist dabei besonders strapazierfähig und bietet einen hohen Tragekomfort. Da Welpen meist sehr schnell wachsen, reicht zunächst aber auch ein billigeres Modell.

Entscheiden Sie sich für ein Halsband mit einem Clipverschluss, prüfen Sie regelmäßig, ob dieser noch hält und sich bei Zug nicht von selbst öffnet. Denn löst sich der Verschluss, wenn Ihr Hund an der Leine zieht, kann das – gerade im Straßenverkehr – böse Folgen haben.

▼ *Es gibt auf dem Markt ein riesiges Angebot an Hundegeschirren: Halsbänder, Kopfgeschirre, Brustgeschirre.*

▼ *Ein flaches Halsband mit Schnalle oder Clip eignet sich für das Training.*

▼ *Ein Brustgeschirr mit gepolsterten Riemen kann zum Zerren verleiten.*

KOPFGESCHIRRE

Kopfgeschirre für den Hund funktionieren genauso wie die Zügel bei Pferden, Ochsen und Kamelen: Damit können die Tiere seitlich am Kopf geführt werden statt an den stärksten Körperteilen – den Schultern und dem Nacken.

Kopfgeschirre haben Vor- und Nachteile und sind gewöhnungsbedürftig. Aber einen Versuch ist es wert: Legen Sie Ihrem Hund das Geschirr an und belohnen Sie ihn mit einem Leckerli, sodass er das Anlegen mit etwas Positivem verbindet. Danach ziehen Sie es ihm wieder aus. Gewöhnen Sie Ihren Hund auf diese Weise langsam an das Geschirr. Einigen Hunden ist das Tragen eines Kopfgeschirrs unangenehm und sie scharren mit dem Gesicht am Boden oder reiben den Kopf an Ihren Beinen, um es wieder loszuwerden. In diesem Fall kann sich der Hund nur schwer auf Ihre Kommandos konzentrieren. Auch kann er sich bei dem Versuch, das Geschirr abzustreifen, den Nacken verletzen.

Kopfgeschirre werden oft mit Maulkörben verwechselt, sodass andere Hundehalter beim Gassigehen möglicherweise einen großen Bogen um Sie machen werden. Reagiert Ihr Hund aggressiv auf Artgenossen, ist das Kopfgeschirr aber sehr hilfreich, um seine Aufmerksamkeit in eine andere Richtung zu lenken. Kann sich Ihr Hund nicht mit dieser Art Geschirr anfreunden, verwenden Sie stattdessen ein Brustgeschirr.

BRUSTGESCHIRRE

Wählen Sie mit Bedacht aus dem reichhaltigen Angebot. Die besten Geschirre bieten mehrere Möglichkeiten zur Leinenfixierung, was bedeutet, dass der Hund bei Verwendung einer entsprechenden Leine nicht mit den Schultern – in denen er die meiste Kraft hat – daran zerren kann. Sein Körpergewicht wird über die an der Vorderpartie und der Seite befestigte Leine gleichmäßig verteilt. Zudem bleibt der Nackenbereich frei, sodass Ihr Hund nicht in seiner natürlichen Körpersprache behindert wird. Meiden sollten Sie Geschirre mit besonders dünnen Riemen, da

▼ *Roll-Leinen sind beliebt, aber eine Lederleine ist für das Training besser.*

▼ *Eine Box ist hilfreich für das Training und den Transport Ihres Hundes.*

diese unter den Achseln einschnüren und Schmerzen verursachen können. Wählen Sie stattdessen breite Riemen mit Polsterung.

Um Ihrem Hund das Zerren an der Leine abzugewöhnen, sind die meisten Brustgeschirre jedoch ungeeignet (beobachten Sie nur einmal ein Husky-Gespann). Ohne die Verwendung einer Leine mit Doppelkarabiner, die entsprechend befestigt ist, ermutigt das Brustgeschirr den Hund sogar zum Zerren an der Leine und macht es ihm angenehmer.

LEINEN

Sparen Sie hier nicht an der falschen Stelle. Hat Ihr Hund die Kauphase hinter sich, kaufen Sie eine hochwertige Leine aus Leder, die gut in der Hand liegt und lange hält.

Roll-Leinen erfreuen sich hoher Beliebtheit, sind aber für das Training ungeeignet, da der Hund so lange daran ziehen kann, bis das Ende erreicht ist. Wickelt sich die Leine um Ihre Füße oder die eines anderen Hundes, kann es zu gefährlichen Situationen kommen. Auch kann Ihr Hund auf die Straße rennen und einen Verkehrsunfall verursachen, wenn Sie nicht schnell genug den Sperrmechanismus betätigen oder dieser versagt. Verwenden Sie eine Roll-Leine also nur, wenn Sie bereits dort angekommen sind, wo Sie den Hund ausführen wollen.

HUNDEBOX

Eine Hundebox ist für jeden Besitzer eines Welpen unverzichtbar. Sie ist eine wertvolle Hilfe bei der Erziehung, denn Hunde beschmutzen nur ungern ihr Lager und so wird der Welpe winseln, wenn er raus muss. Auch können Sie Ihren Hund in der Box einmal unbeaufsichtigt lassen.

Die Hundebox ist zudem ein behaglicher Schlafplatz und eine sichere Transportmöglichkeit für die Fahrt im Auto. (Ist Ihr Kofferraum dafür nicht groß genug, sollten Sie Ihren Hund mit einem speziellen Geschirr und/oder Gurt sichern.) Sperren Sie Ihren Hund aber niemals für mehrere Stunden in die Box und verwenden Sie sie nicht zur Bestrafung. Wählen Sie eine Hundebox, die so groß ist, dass er darin stehen und sich bewegen kann.

KÖRBE

Da sowohl Welpen als auch ausgewachsene Hunde zum Kauen neigen und auch mal ein Malheur passieren kann, sollten Sie sich für einen möglichst strapazierfähigen Korb entscheiden, der leicht zu reinigen ist. Für einen Welpen eignet sich ein Modell aus Kunststoff am besten, bis er aus der Kauphase heraus ist.

▼ *Ein Korb mit einem Kissen und einer waschbaren Decke ergibt ein komfortables Bett.*

► *Sie können Kissen, Decken oder einen Plastikkorb für das Lager Ihres Hundes verwenden.*

▼ *Es gibt verschiedene Arten von Näpfen, zum Beispiel aus Stahl und Keramik.*

▼ *Passen Sie die Größe des Napfes der Größe Ihres Hundes an.*

FRESS- UND WASSERNÄPFE

Es gibt eine breite Palette an Näpfen im Fachhandel. Am besten eignen sich aber solche aus Stahl, da sie besonders robust sind. Plastiknäpfe sollten Sie hingegen meiden, da sie leicht zu kauen sind und Splitter die Schnauze Ihres Hundes verletzen oder verschluckt werden können.

BÜRSTEN UND KÄMME

Selbst wenn Sie einen Hund mit kurzen Haaren haben, empfiehlt es sich, ihn einmal pro Woche zu bürsten. So bleibt sein Fell gepflegt.

▼ *Bürsten Sie Ihren Hund jede Woche. Das ist gut für sein Fell und er wird die Aufmerksamkeit genießen.*

TASCHEN FÜR LECKERLIS UND HUNDEKOTBEUTEL

Als Belohnungstasche eignet sich jede kleine Tasche, die Sie um die Hüfte tragen können. Auch Hundekotbeutel sollten Sie stets mit sich führen. Inzwischen sind auch umweltfreundliche Beutel im Handel erhältlich, die biologisch abbaubar sind.

▲ *Ein Clicker und eine Pfeife, Zerrspielzeug, Wurfspielzeug und Zahnspielzeug.*

CLICKER UND PFEIFEN

Diese hilfreichen Trainingsgeräte finden Sie in fast jeder Zoohandlung.

SPIELZEUG

Heute wird mehr Spielzeug für Hunde angeboten als jemals zuvor. Es gibt Zerrspielzeug, Kauspielzeug, Intelligenzspielzeug, Beschäftigungsspielzeug, Zahnspielzeug und Apportierspielzeug. Es gibt Quitschies für Terrier, Frisbees für Retriever und Bälle für Collies.

Ein Bestseller unter den Hundespielzeugen ist der Kong, ein interaktives Spielzeug, das sich befüllen lässt und Ihren Hund stundenlang beschäftigt. Füllen Sie ihn mit normalem Futter, um Ihrem Hund zu zeigen, dass Alleinsein auch positive Seiten hat. Sie können den Kong aber auch als Belohnung benutzen, zum Beispiel wenn Sie Besuch haben und Ihr Hund brav ist. Er sorgt zudem für Unterhaltung, wenn Ihr Hund für einige Zeit in seine Box muss.

Fütterung und Futter

„Man ist, was man isst“, gilt gleichermaßen für Hunde wie für Menschen. Ihrem Hund Futter von bester Qualität zu geben, spart auf lange Sicht Geld, denn er muss seltener zum Tierarzt. Was aber ist das beste Futter? Keine zwei Hundebesitzer sind sich da einig, denn was für das eine Tier prima ist, bekommt dem anderen gar nicht. Am wichtigsten ist, minderwertige Nahrung zu vermeiden. Sie kann der Grund für Verhaltensstörungen, Übergewicht und Krankheiten sein. Die Gesundheit und das Wohlbefinden Ihres Hundes hängen also von Ihnen ab.

Der Züchter sollte Ihnen von dem Futter mitgeben, das er verfüttert hat, nachdem der Welpe entwöhnt war. Denn es ist sinnvoll, dieses Futter erst einmal beizubehalten. Die Trennung von der Mutter verursacht schon genug Stress, da müssen nicht auch noch Verdauungsprobleme hinzukommen.

Es gibt spezielle Welpennahrung (mit einem höheren Eiweißgehalt, damit sich der Welpe gut entwickelt), Nahrung für Junghunde, erwachsene und alte Tiere sowie für solche mit empfindlichem Magen. Wählen Sie möglichst hochwertiges Futter und lassen Sie sich dabei nicht von der Farbe beeinflussen. Manche Hersteller verwenden Farbzusätze, um eine bessere Qualität zu suggerieren, von der Ihr Hund aber nicht profitiert. Letztlich entscheidend ist jedoch, dass dieser so ernährt wird, dass er aufmerksam und lebhaft ist und ein gesundes Fell hat.

Ihr Hund braucht Nährstoffe, die ihm die Energie zum Laufen und Spielen liefern – und das heißt Eiweiß, Fette und Kohlenhydrate.

EIWEISS

Nicht nur die Menge des in der Nahrung enthaltenen Eiweißes ist ausschlaggebend, sondern auch seine Qualität. Eiweiß ist in tierischer und pflanzlicher Nahrung enthalten, für den Hund ist Eiweiß aus fleischlicher Quelle – besonders Huhn, Lamm und Truthahn – ideal. Pflanzliches Eiweiß aus Weizen, Mais, Soja und Reis ist weniger hochwertig und billiger.

Hunde, die arbeiten (Polizeihunde, Rettungshunde, Hütehunde, Jagdhunde etc.) brauchen besonders viel hochwertiges Eiweiß, da sie viel Energie verbrauchen. Ein Hund, der als Haustier gehalten wird, braucht hingegen weniger Protein, weil er ein deutlich ruhigeres Leben führt und nur selten ins Schwitzen kommt.

Auswirkungen schlechter Ernährung

Ein Hund, der falsch ernährt wird, kann folgende Symptome zeigen:

- Appetitlosigkeit
- Blähungen
- Viel und übel riechender Kot
- Zahnstein
- Kratzspuren, Hautinfektionen
- Übergewicht, stumpfes Fell
- Berührungsempfindlichkeit
- Hyperaktivität
- Knabbern an den Pfoten
- Schwaches Immunsystem

Auswirkungen von Eiweißmangel

Ein Mangel an tierischem Eiweiß kann zu folgenden Symptomen führen:

- Appetitlosigkeit
- Magenprobleme, Durchfall, Erbrechen
- Hautprobleme
- Ohrentzündungen
- Haarausfall
- Aggressivität
- Energiemangel
- Schüchternheit

▼ *Trockenfutter enthält konzentrierte Nährstoffe und ist gut haltbar.*

▲ *Nassfutter enthält viel Wasser, der Hund braucht deshalb mehr davon.*

▲ *Schlachtabfälle – frisch oder aus der Dose – sind keine komplette Mahlzeit.*

▲ *Huhn aus der Dose muss mit anderen Nahrungsmitteln ergänzt werden.*

▲ *Gefrorenes Hühnerfleisch ist eine billige Eiweißquelle für kleine Hunde.*

▲ *Nassfutter aus der Dose – allein oder mit Trockenfutter gemischt – reicht aus.*

▲ *Reis liefert Kohlenhydrate, er ist zum Mischen geeignet.*

▲ *Trockenkomplettfutter wird bei Hundehaltern immer beliebter.*

▲ *Halbnasses Mischfutter muss, einmal geöffnet, rasch verfüttert werden.*

▲ *Hundekuchen mit Soße ist traditionell bei vielen Hundehaltern beliebt.*

▲ *Hundekuchen allein sind keine ausreichende Nahrung für das Tier.*

▲ *Da Hunde nicht zwischen gut und schlecht unterscheiden, können sie versehentlich auch etwas fressen, das ihnen nicht bekommt.*

▲ *Da Hunde leicht dehydrieren, muss der Trinknapf immer mit frischem Wasser gefüllt sein, vor allem bei Ernährung mit Trockenfutter.*

Die Aminosäuren, aus denen Eiweiß besteht, werden durch den Verarbeitungsprozess bei der Herstellung von Nass- und Trockenfutter zum Teil zerstört. Fertigfutter enthält also weniger Eiweiß als die Ausgangsstoffe.

Was den Eiweißgehalt angeht, ist ein wenig Rechenarbeit nötig: Nassfutter enthält 75 Prozent Feuchtigkeit, Trockenfutter etwa 10 Prozent. Trotzdem hat das Nassfutter einen höheren Proteingehalt, obwohl die Etikettenaufdrucke das Umgekehrte vermuten lassen.

Einige Tiernahrungshersteller mischen Soja als billige Eiweißquelle unter ihr Futter, was auf dem Etikett

◄ *Kauknochen befriedigen das Kaubedürfnis und reinigen die Zähne.*

vermerkt sein muss und sich unter der Angabe „pflanzliche Proteine" verbergen kann. Soja-Eiweiß ist zwar hochwertig, doch es reagiert mit anderen Nährstoffen, was zu einer Schädigung der Darmwand führen kann und dazu, dass der Hund Blähungen bekommt. Es vermindert zudem die Fähigkeit, Eiweiß zu verdauen.

FETTE

Es gibt gesättigte und ungesättigte Fettsäuren. Um gesund zu bleiben, benötigt Ihr Hund beide. Gesättigte Fettsäuren kommen aus tierischen Nahrungsquellen und verleihen Energie, während die ungesättigten Fettsäuren aus pflanzlichen Quellen stammen und für eine gesunde Haut und gesundes Fell sorgen. Die Nahrung sollte also sowohl tierische als auch pflanzliche Fette enthalten.

KOHLENHYDRATE

Kohlenhydrate braucht Ihr Hund zur Energiegewinnung und für sein Gehirn – jedoch in geringerer Menge als Eiweiß. Eine Nahrung mit viel Eiweiß und wenig Kohlenhydraten ist also ideal. Eine kohlenhydratreiche Nahrung führt zu vermehrter Kotbildung und auch zu verstärkter Gasentwicklung. Meiden Sie Hundenahrung, die reich an Getreide ist. Denn obwohl es Vitamine, Mineralien, Eiweiß und Fette enthält, stellt es einen billigen Füllstoff dar.

KONSERVIERUNGSSTOFFE

Fertignahrung für Tiere enthält Konservierungsstoffe, die verhindern, dass die Nahrung verdirbt. Sie können natürlichen oder künstlichen Ursprungs sein. Nahrung mit natürlichen Konservierungsstoffen ist vorzuziehen, obwohl sie nicht so lange haltbar und teurer ist.

Ein sehr umstrittenes künstliches Konservierungsmittel ist Ethoxyquin, das seit 30 Jahren in der Tiernahrungsherstellung verwendet wird, aber auch als Pestizid dient. Hundehalter berichten von verschiedenen Nebenwirkungen, darunter Verhaltensstörungen und Krebserkrankungen. Zwei weitere, sehr verbreitete künstliche Konservierungsstoffe sind BHA (E320) und BHT (E321), die beide ebenfalls im Verdacht stehen, Krebs auszulösen.

Leider weisen die Angaben auf den Etiketten oft nicht aus, welche Konservierungsstoffe enthalten sind, oft heißt es nur „Konservierungsstoffe" oder „Antioxidantien". Selbst der Zusatz „ohne künstliche Konservierungs- und Farbstoffe" kann irreführend sein, da diese bereits den verwendeten Rohstoffen von deren Herstellern zugefügt wurden.

Wenn Sie Trockenfutter verwenden wollen, suchen Sie nach Produkten, die mit natürlichem Vitamin E oder Vitamin C konserviert sind. Da das Futter kaum Wasser enthält, muss der Trinknapf des Hundes immer mit frischem Wasser gefüllt sein.

▲ *Gekaufte Leckerlis können viel Zucker und Zusätze wie Farbstoffe enthalten. Verwenden Sie sie sparsam.*

► *Karottenscheiben und Käsewürfel sind eine gesunde Alternative.*

▲ *Auch Würfel aus Hühnerfleisch oder Schinken sind als Belohnung geeignet.*

Rezepte für Hunde-Leckerlis

Der Vorteil selbst gemachter Leckerlis ist, dass Sie genau wissen, was Sie Ihrem Hund geben. Gekaufte Leckerlis sind oftmals stark industriell bearbeitet und enthalten viel Zucker, synthetische Farbstoffe, Konservierungsmittel und andere chemische Zusätze. Sie führen zu Gewichtszunahme und können sich – vor allem der Zucker – nachteilig auf das Verhalten Ihres Hundes auswirken. Selbst gemachte Leckerlis sind nicht nur gesünder, sondern auch viel verlockender als alles, was Sie im Laden kaufen können.

Leberkuchen ist ein Klassiker, der von vielen Hundetrainern verwendet wird und leicht herzustellen ist. Allerdings riecht er nicht sehr gut und verdirbt relativ schnell. Sie können ihn jedoch gut einfrieren.

SELBST GEMACHTE HUNDE-PLÄTZCHEN
225 g Brät
225 g Vollkornmehl
50–85 ml Brühe oder Wasser

Den Ofen auf 180 °C vorheizen. Das Brät mit dem Mehl und der Brühe oder dem Wasser verrühren, bis ein fester Teig entsteht. Den Teig 1 cm dick ausrollen, in gleichmäßige Würfel schneiden und auf ein nicht gefettetes Backblech legen. Die Plätzchen je nach Größe 30–50 Minuten backen.

LEBERKUCHEN
450 g Leber
1 Knoblauchzehe
1 Ei, verquirlt
225 g Mehl

Den Ofen auf 180 °C vorheizen. Leber pürieren, Knoblauchzehe zerdrücken und zusammen mit Mehl und Ei zu einem glatten Teig verrühren. Auf ein gut gefettetes oder mit Backpapier ausgelegtes Backblech geben und glattstreichen. Im Ofen backen, bis Sie mit einem Messer hineinstechen können, ohne dass Teig daran kleben bleibt. Auskühlen lassen, in Würfel schneiden und den Teil, der nicht sofort gebraucht wird, einfrieren.

LEBER-LECKERLIS
450 g Leber
1 Knoblauchzehe

Den Ofen auf 150 °C vorheizen. Leber und Knoblauch in etwas Wasser zum Kochen bringen und 5 Minuten köcheln lassen. Die Leber mit Küchenpapier trocken tupfen und in kleine Stücke schneiden. Auf einem Backblech verteilen und 30 Minuten backen, danach auskühlen lassen. Leber-Schmankerl sind nicht lange haltbar, daher alles, was Sie nicht sofort verwenden, einfrieren.

▼ *Passen Sie die Nahrungsaufnahme dem Maß an Bewegung an.*

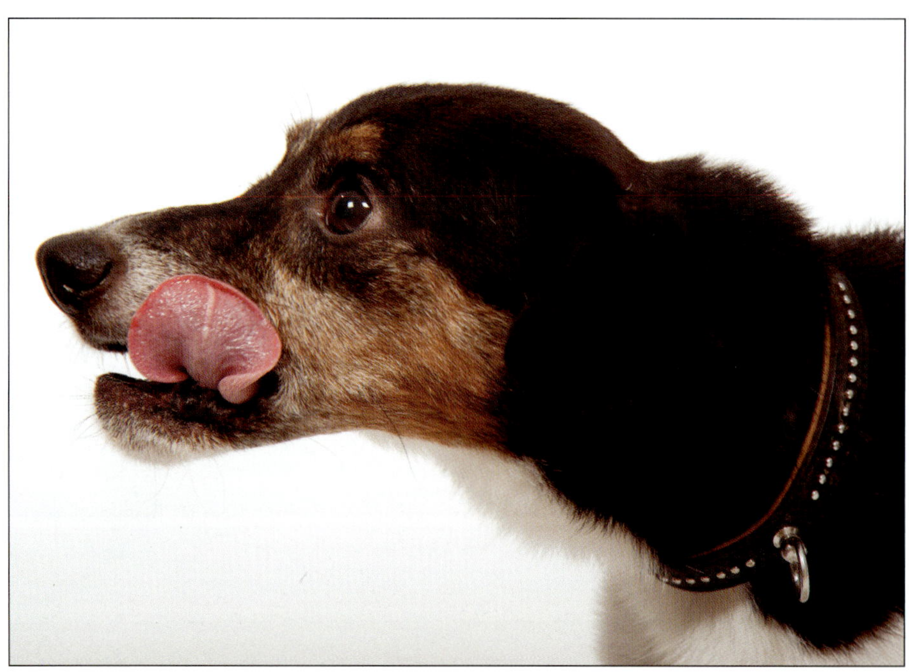

THUNFISCH-BROWNIES

2 Dosen Thunfisch in Wasser (350 g)
2 Eier
1 Knoblauchzehe, zerdrückt
115–175 g Vollkornmehl
Parmesankäse

Den Ofen auf 180 °C vorheizen. Pürierten Thunfisch, Eier, Knoblauch und Mehl zu einem glatten Teig verrühren. Auf einem gefetteten oder mit fettdichtem Backpapier ausgelegten Backblech ausstreichen und mit Parmesan bestreuen. 15 Minuten backen, anschließend in Würfel schneiden (lassen sich ebenfalls gut einfrieren).

KÄSE-KNOBLAUCH-HAPPEN

115 g Mehl
115 g Käse, gerieben
1 TL Knoblauchpulver
1 TL Margarine
120 ml Milch

Den Ofen auf 180 °C vorheizen. Das Mehl mit dem Käse vermischen, Knoblauchpulver und weiche Margarine zugeben, anschließend die Milch hinzufügen. Alles zu einem glatten Teig verrühren. Auf bemehlter Arbeitsfläche 1 cm dick ausrollen, Happen nach Wunsch ausstechen und auf einem nicht eingefetteten Blech 15 Minuten backen. Im Kühlschrank aufbewahren.

THUNFISCH-TRAININGS-LECKERLIS

2 Dosen Thunfisch in Wasser (350 g) oder Brät
2 Eier
1 Knoblauchzehe, zerdrückt
115–175 g Vollkornmehl

Den Ofen auf 250 °C vorheizen. Thunfisch oder Brät, Eier und Knoblauch vermischen. Nach und nach Mehl dazugeben, bis ein glatter Teig entsteht. Auf einem Backblech 1 cm dick ausstreichen und 30 Minuten backen. Danach in 1 cm große Würfel schneiden.

Knoblauch

Viele Hunde lieben dieses Liliengewächs wegen seines kräftigen Geschmacks und ausgeprägten Geruchs. Andere Hunde wiederum verabscheuen ihn geradezu und auch viele Menschen finden den Geruch, der längere Zeit an der Hand haften bleibt, unangenehm. Deshalb kann er bei allen vorgestellten Rezepten problemlos weggelassen werden. Probieren Sie einfach aus, was Ihr Hund am liebsten mag.

▲ *Belohnen Sie Ihren Hund mit Lob und einem Leckerli, wenn er Ihre Kommandos befolgt.*

▲ *Verwenden Sie in einer ungewohnten Umgebung seine Lieblingsleckerlis.*

TRAININGS-GRUNDSÄTZE

Training ist das Wichtigste, was Sie Ihrem Hund angedeihen lassen können. Es baut eine vertrauensvolle Bindung zwischen Ihnen und Ihrem Hund auf, zeigt Ihnen, wie dieser denkt und kommuniziert, und verbessert sein Verhalten erheblich. Trainieren Sie jedoch nur dann, wenn Sie beide in der Stimmung dazu sind. Haben Sie schlechte Laune oder sind Sie ungeduldig, brechen Sie das Training sofort ab. Seien Sie nicht frustriert, wenn Ihr Hund nicht zu verstehen scheint, was Sie von ihm wollen. Wahrscheinlich sind Ihre Anweisungen nicht eindeutig. Oftmals sprechen wir zu viel mit unseren Hunden – was grundsätzlich nicht schlecht ist, aber während des Trainings kann es für Verwirrung sorgen. Beschränken Sie Ihre Kommunikation auf ein Minimum und stellen Sie sicher, dass alle Mitglieder Ihres Haushalts dieselben Kommandos verwenden.

◀ *Spielen ist ein wichtiger Teil des Trainings. Es hält Ihren Hund fit und lehrt ihn, richtig auf bestimmte Stichwörter zu reagieren.*

Körpersprache

Hunde kommunizieren untereinander sowie mit anderen Lebewesen durch Körpersprache. Sind sie glücklich, traurig, unsicher oder kurz davor, zuzubeißen, so teilen sie dies unmittelbar mit. Wenn Sie diese Signale richtig deuten können, sind Sie beispielsweise in der Lage, einen verunsicherten Hund zu beruhigen, bevor er zuschnappt. Achten Sie also darauf, was Ihr Hund Ihnen mitteilen möchte. So können Sie eine bessere Beziehung zu ihm aufbauen.

KÖRPERHALTUNG

Hunde drücken mit ihrer Körperhaltung Unterwerfung oder Dominanz aus. Will ein Hund dominant erscheinen, lässt er seinen Körper größer wirken, indem er sich mit gestreckten Beinen auf seine Zehen stellt und den Kopf in die Höhe reckt. Eventuell sträubt er zusätzlich sein Nackenfell. Einige Hunde legen ihren Kopf auf den Rücken eines anderen Hundes, den sie dominieren wollen.

Ein unterwürfiger Hund tut hingegen genau das Gegenteil. Er versucht, so klein wie möglich zu wirken, indem er nah am Boden bleibt, eine gebückte Haltung einnimmt und den Kopf unten hält.

SCHWANZ (RUTE)

Zur Rute eines Hundes gibt es zwei wichtige Punkte. Erstens: Die Rute dient als Barometer für das emotionale Befinden eines Hundes. Wenn Sie sie betrachten, bedenken Sie immer, wie diese Rasse sie üblicherweise hält. Boxer, Dobermänner und Huskys zum Beispiel halten ihre Rute von Natur aus oben. Das erschwert es anderen Rassen, ihre Signale zu deuten. Da das Kupieren der Rute heute in vielen Ländern verboten ist (die USA erlauben auch weiterhin das Kupieren von Rute und Ohren), können wir die Emotionen eines Boxers, Dobermanns, Spaniels oder Rottweilers, die einst ohne Rute auskommen mussten, besser deuten.

▲ Einige Rassen halten ihre Rute von Natur aus oben.

▲ Bei anderen Rassen hängt die Rute wiederum nach unten.

▲ Eine entspannte Rute ist weder nach oben gestreckt, noch unter dem Körper versteckt.

▲ Ein Hund, der sich auf die Hinterbeine stellt, kann sehr bedrohlich wirken.

▼ Mit der Spielhaltung fordert Ihr Hund Sie zum Spielen auf.

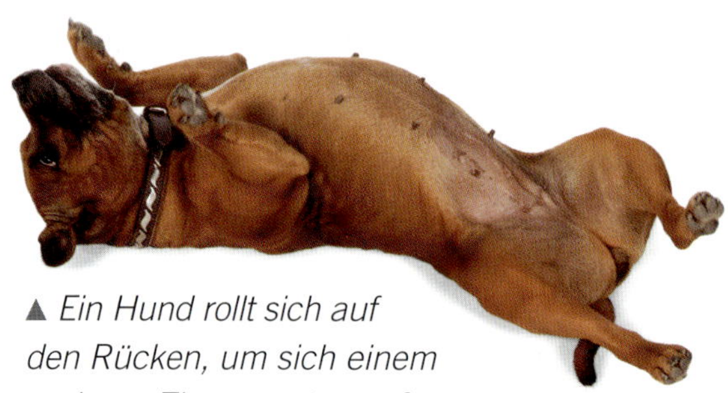

▲ Ein Hund rollt sich auf den Rücken, um sich einem anderen Tier zu unterwerfen.

► Terrier lieben es, auf ihren Hinterbeinen zu springen.

Zweitens: Beachten Sie die natürliche Haltung der Rute Ihres Hundes. So können Sie die Zeichen, die mit einer Stimmungsveränderung einhergehen, richtig deuten. Ein selbstsicherer Hund hält seine Rute oben und wedelt nur mit der Spitze. Das ist üblicherweise der Fall, wenn ein Rüde auf einen anderen Rüden trifft und kann meist bei jungen Hunden beobachten werden. Ein glücklicher, selbstsicherer Hund wedelt mit seiner Rute von einer Seite zur anderen, ein verängstigter Hund hält sie unten und ein sehr eingeschüchterter Hund hat sie eingezogen, manchmal so weit, dass sie den Bauch berührt. Aggression zeigt sich darin, dass die Rute in Wirbelsäulenhöhe hin und her wedelt, die Lefzen nach hinten gezogen sind und der Hund sein Nackenfell sträubt.

OHREN

Die Position der Ohren eines Hundes muss im Zusammenhang mit anderen Signalen interpretiert werden. Einige Hunde legen ihre Ohren nach hinten, eventuell sogar flach an den Kopf, wenn sie ihr Gegenüber begrüßen oder besänftigen wollen. Eine Begrüßung ist zusätzlich am geöffneten Maul mit heraushängender Zunge

▲ *Ein aufmerksamer Hund stellt seine Ohren nach oben und nach vorn auf.*

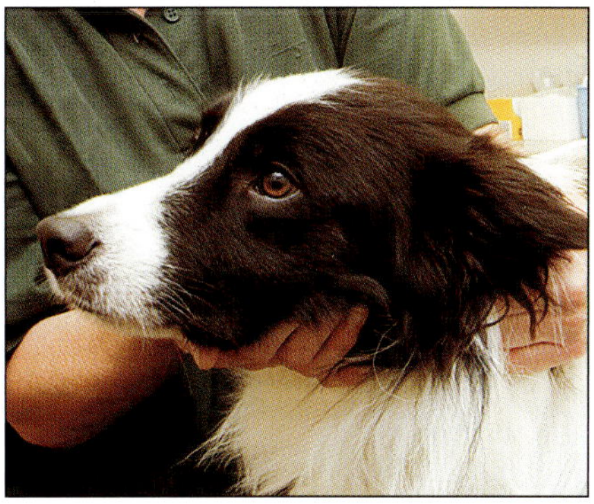

▲ *Ein unsicherer, angespannter Hund legt seine Ohren nach hinten.*

zu erkennen. Ein ängstlicher Hund legt seine Ohren möglicherweise nach hinten, und ein unerschrockener, aufmerksamer Hund stellt sie normalerweise auf und richtet sie nach vorn.

AUGEN

Für untrainierte Hunde ist direkter Augenkontakt normalerweise unangenehm, da er mit einer Drohung verbunden wird. Deshalb ist es wichtig, Kindern, die sich auf Augenhöhe mit Hunden befinden, zu erklären, dass sie dem Hund nicht direkt in die Augen starren sollen.

Mit entsprechendem Training kann einem Hund jedoch beigebracht werden, direkten Augenkontakt nicht als bedrohlich aufzufassen, und dies sollte gleich zu Beginn des Trainings erfolgen. Denn der Augenkontakt kann eine bereichernde Erfahrung für den Hund darstellen und dazu beitragen, sein Selbstbewusstsein zu stärken. Zudem beschleunigt er das Training, da Ihr Hund Ihrem Blick weitere Anweisungen entnehmen kann. So sieht er auch Ihre Freude, wenn er etwas richtig gemacht hat.

Ist ein Hund gestresst, besorgt, ängstlich oder übermäßig aufgeregt, erweitern sich möglicherweise seine Pupillen. Sie sollten lernen, diese Signale im Zusammenhang mit dem Rest seiner Körpersprache zu interpretieren.

▼ *Dieser entspannte Hund mit sanften Augen scheint selbstsicher.*

▼ *Die Augen dieses Collies sind auf Bewegungen jeglicher Art fixiert.*

▼ *Ein vorsichtiger Blick zur Seite deutet auf Skepsis hin.*

▲ *Das geschlossene Maul dieses Hundes zeugt von Unsicherheit.*

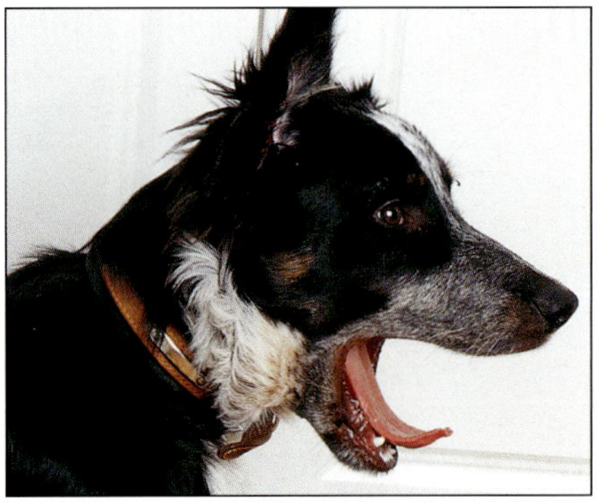

▲ *Das Gähnen weist darauf hin, dass Ihr Hund ängstlich oder besorgt ist.*

▲ *Zähnefletschen ist als aggressive Drohung zu verstehen.*

MAUL

Hat Ihr Hund seine Schnauze geschlossen und dabei die Seiten nach hinten gezogen, ist er unsicher. Ist die obere Lefze eingerollt, sodass die Zähne sichtbar sind, handelt es sich um eine Warnung. Diese sehr effektive Drohung kommt dann zum Einsatz, wenn subtilere Signale vom Gegenüber ignoriert werden. Findet auch dieses Signal keine Beachtung, verstärkt der Hund möglicherweise die Drohung, indem er die Lefzen einrollt und so die Vorderzähne zeigt. Dabei ist das Maul teilweise geöffnet und die Nasenpartie liegt in Falten. Sollten Sie auch dies unbeachtet lassen, zieht er seine Lefzen zurück, sodass alle wichtigen Zähne und das Zahnfleisch oberhalb der Vorderzähne zum Vorschein kommen. Die Haut oberhalb der Nase ist dabei stark gefaltet. Jetzt müssen Sie mit einem Biss rechnen.

GÄHNEN

Gähnen wird manchmal als Zeichen von Langeweile interpretiert. Dabei bedeutet es häufig, dass der Hund nicht versteht, was Sie während des Trainings von ihm wollen. Gehen Sie in diesem Fall einige Trainingsetappen zurück, um ihm zu helfen. Gähnen ist auch zu beobachten, wenn der Hund mit einer Situation nicht zurechtkommt, zum Beispiel wenn ein Kind in sein Territorium eingedrungen ist.

◀ *Hunde bellen, um Aufmerksamkeit zu erregen, oder aus Aufregung. Sobald Sie die Körpersprache Ihres Hundes richtig deuten können, werden Sie die Auslöser leichter erkennen.*

NACKENFELL

Ein aufgestelltes Nackenfell, das von der Basis des Halses bis hinunter zur Rute reichen kann, ist zwar ein Zeichen für Erregung, aber nicht – wie oftmals irrtümlich angenommen – für Aggression. Die Gründe dafür können vielfältig sein: Ihr Hund spielt mit einem Artgenossen, er nähert sich einem fremden Hund an oder es sind Besucher im Haus.

DIE SIGNALE DEUTEN

Üben Sie, die verschiedenen Körpersignale Ihres Hundes gleichzeitig zu deuten. Es ist wenig sinnvoll, die Rute zu beobachten und dabei die Ohren und Augen außer Acht zu lassen. Schaut Ihr Hund zum Beispiel von Ihnen weg (kein Augenkontakt) und leckt sich womöglich die Lefzen, so ist er nervös. Fragen Sie sich, was dies verursacht hat. Haben Sie ihn versehentlich bedroht? Verunsichert ihn Ihre Körperhaltung? Machen Sie sich bewusst, was Sie gerade tun, und versuchen Sie, es nicht zu wiederholen. Beachten Sie, dass ein schüchterner Hund es als Bedrohung empfinden kann, wenn Sie sich über ihn lehnen. Vermeiden Sie dieses Verhalten nach Möglichkeit.

Viele Hundebesitzer glauben fälschlicherweise, dass ihr Hund versteht, dass er etwas falsch gemacht hat. Aber das ist nicht unbedingt der Fall. Hunde sind keine Menschen und sie handeln nicht gemäß unseren Moralvorstellungen von Richtig und Falsch.

Wenn Sie nach Hause kommen und feststellen, dass Ihr Hund den Abfall durchwühlt und auf dem Boden verteilt hat, ist die Verlockung, ihn anzuschreien, groß. Er wird vermutlich weglaufen und sich verstecken. Dies ist jedoch eine Reaktion auf Ihre bedrohliche Körpersprache und Ihre aggressiven Bewegungen und nicht auf das Durchwühlen des Abfalls. Er versucht nun, Sie mit seiner Körpersprache zu beruhigen und die Situation zu entschärfen. Er handelt in diesem Moment sehr vernünftig. Wenn Sie Hunde als Menschen ansehen, werden Sie schnell enttäuscht sein – was uns zum Thema Stress führt.

▼ *Ein Hund bleibt ein Hund. Es ist sinnlos, ihn nachträglich anzuschreien.*

Stressanfälligkeit

Hunde verkraften Stress unterschiedlich und sensible Rassen leiden schneller als robuste. Ziehen Sie aber auch die individuelle Persönlichkeit Ihres Hundes in Betracht. Folgende Faktoren können zu Stress führen:

- Mangel an frühzeitiger Sozialisierung, wodurch es Ihrem Hund schwerfällt, mit alltäglichen Geschehnissen umzugehen.
- Unangemessene Trainingsmethoden
- Inkonsequenter Umgang mit Ihrem Hund; verschiedene Familienmitglieder senden widersprüchliche Botschaften
- Ihre offensichtliche Frustration aufgrund seines Verhaltens
- Bestrafung
- Unrealistische Erwartungen. Vergessen Sie nicht, dass Sie es mit einem Hund zu tun haben!

STRESS

Stress ist ein natürlicher Bestandteil unseres Lebens. Er tritt immer dann zu einem bestimmten Grad auf, wenn wir etwas Neues lernen. Hier unterscheiden sich Hunde nicht von Menschen. Ein gewisses Maß an Stress sorgt für ein schnelleres und effektiveres Lernen, jedoch nur wenn er den Lernenden anspornt und nicht negativ beeinflusst. (Zu viel Stress kann bei Ihrem Hund zu erhöhtem Blutdruck, beschleunigtem Herzschlag und zum Hecheln führen.)

Wenn Sie etwas von Ihrem Hund verlangen, das er mental nicht verarbeiten kann, reagiert er möglicherweise albern, springt an Ihnen hoch oder bellt und stürzt sich auf andere

▲ *Hunde können sich zurückziehen, wenn sie unter Stress leiden.*

Hunde. Oder er „macht dicht“, legt sich auf den Boden und blickt gelangweilt drein. Gähnt er und kratzt er sich, wenn Sie ihm eine Anweisung geben, so ist er nicht gelangweilt, sondern überfordert.

Zum Thema Stress ist außerdem anzumerken, dass in extremen Fällen auch andere Körperteile des Hundes betroffen sein können. Das Verdauungssystem wird üblicherweise zuerst in Mitleidenschaft gezogen. Ihr Hund leidet an Durchfall, Erbrechen oder verweigert sein Futter.

Andere wiederum leiden an übermäßigem Fellverlust. Einige Hunde verstümmeln sich sogar selbst oder lecken Wände ab. Ist das Immunsystem betroffen, können die Hunde krankheitsanfällig werden, eine juckende Haut oder eine Allergie bekommen.

Stress vermeiden

Achten Sie darauf, eine Trainingseinheit immer mit etwas Positivem abzuschließen. Verläuft das Training schlecht, ist es besser, es abzubrechen. Es wird keinen negativen Effekt auf Ihren Hund haben, wenn Sie aufhören und etwas anderes tun.

Disziplin ohne körperliche Bestrafung

Leider ist die körperliche Bestrafung von Hunden noch immer Teil einiger Erziehungsmethoden. Dabei kommen Utensilien wie Rasselflaschen, Würgehalsbänder, Wassersprüher und Sprühhalsbänder und im Extremfall auch Elektroschockhalsbänder zum Einsatz. Diese Geräte fügen dem Hund Schmerzen zu, um ihn von einer Handlung abzuhalten. Diese abscheulichen Praktiken schaffen jedoch keine Abhilfe für den Grund, aus dem sich der Hund so verhält. Außerdem lernt der Hund nicht, wie er sich zu verhalten hat.

NEGATIVE FOLGEN KÖRPERLICHER BESTRAFUNG

Ist Ihr Hund ungezogen und Sie schlagen ihn, erzielen Sie damit womöglich Erfolge, aber ebenso gut kann es fehlschlagen und zu psychologischen Schäden führen. Bestrafung hat immer Konsequenzen und Sie sollten sich über die möglichen Folgen im Klaren sein, bevor Sie einen Hund schlagen. Dies sind: Probleme in der Beziehung zu Ihrem Hund, Verhaltensauffälligkeiten und Zurückhaltung, da der Hund zu viel Angst hat, bestraft zu werden.

Hat der Hund das Haus als Toilette benutzt, bestrafen ihn einige Besitzer damit, dass sie seine Schnauze in die unangenehme Bescherung stecken. Doch das zeigt ihm nur, dass er seinem Besitzer nicht trauen kann und dass es Ärger bedeutet, wenn man „muss". Den Hund nun stubenrein zu bekommen, wird umso schwieriger, da er sich fürchtet, sein Geschäft vor dem Besitzer zu verrichten. Was es ihm jedoch nicht zeigt, ist, wie er sich zu verhalten hat. Aus einer Bestrafung lernt ein Hund auch, dass der Grund für die Strafe etwas war, das sich zu diesem Zeitpunkt in seiner Nähe befunden hat. Sie könnten daher am Ende vor einem größeren Problem stehen als zu Beginn. Stürzt beispielsweise ein Kind auf den Hund und tut ihm weh, wird er knurren – eine vollkommen natürliche Reaktion –, woraufhin Sie ihn ausschimpfen. Das führt dazu, dass er Kinder mit Bestrafung in Verbindung bringt. Entsprechend wird er das nächste Mal, wenn ihm ein Kind nahe kommt, noch lauter knurren. Sie werden ihn vermutlich wieder ausschimpfen oder schlagen und der Hund sieht möglicherweise keinen anderen Ausweg, als das Kind zu beißen, um es loszuwerden.

Um dieses Problem von vornherein zu vermeiden, ist es am besten, Ihren Hund außer Reichweite zu bringen, wenn Kinder im Haus umherlaufen. Das bringt uns zu der Frage, wie ein Hund gegebenenfalls bestraft werden sollte.

TIMING IST ALLES

Damit die Bestrafung Ihren Zweck erfüllt, muss sie zum perfekten Zeitpunkt erfolgen. Sie müssen sichergehen, dass der Hund die Strafe mit

▼ *Bestrafen Sie Ihren Hund, indem Sie ruhig „Es reicht" sagen und weggehen.*

▼ *Durchwühlt Ihr Hund den Abfalleimer, ziehen Sie ihn davon weg.*

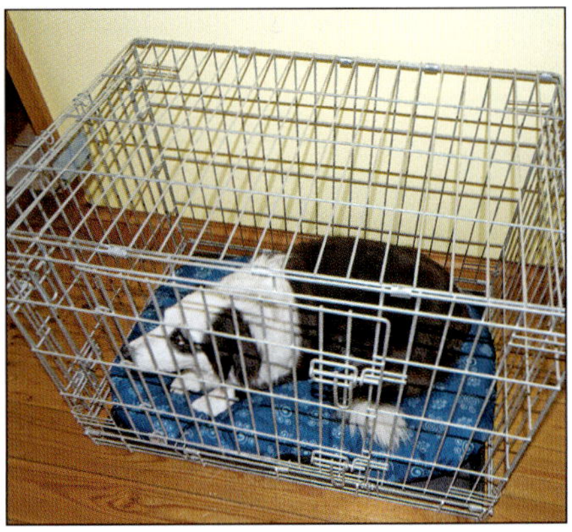

▲ *Laufen viele Kinder im Haus umher, bringen Sie Ihren Hund in seine Box.*

▲ *Die Auszeit ist eine effektive Maßnahme bei Fehlverhalten.*

seinem Fehlverhalten in Verbindung bringt. Wenn Sie auf Bestrafung zurückgreifen, sollte sie nur ein einziges Mal angewendet werden und das ungewollte Verhalten ultimativ beenden. Besser jedoch ist, Ihrem Hund anstelle von Bestrafung beizubringen, welches Verhalten Sie sich von ihm wünschen.

Da Hundebesitzer ihren vierbeinigen Freund nur ungern bestrafen, greifen sie manchmal zunächst auf eine milde Strafe zurück. Wenn diese wirkungslos bleibt, wird sie immer weiter verstärkt, bis sie in Schlagen ausartet. Das ist keine gute Lösung, da Sie Ihren Hund damit unnötigem Stress aussetzen. Außerdem wird er so gegenüber Ihren Bestrafungsmethoden resistent. Sie sollten aber auch nicht aufgeben und das negative Verhalten Ihres Hundes ignorieren. Er wird damit nicht von selbst aufhören.

Aber wie bringt man einem Hund ohne körperliche Bestrafung bei, dass er nicht tun kann, was er will?

„AUSZEIT"

Machen Sie eine Pause und entfernen Sie sich von Ihrem Hund. Diese sanfte Form der Bestrafung unterbindet unerwünschtes Verhalten und hat keine negativen Nachwirkungen. Ist die Auszeit zeitlich perfekt abgestimmt, versteht der Hund genau, welches Verhalten Sie nicht mögen. Diese Methode löst Verhaltensprobleme meist sehr schnell.

Um die Auszeit-Methode effektiv zu nutzen, müssen Sie schnell und fair handeln. Stehen Sie sofort auf und gehen Sie von Ihrem Hund weg (nicht laufen) oder bringen Sie ihn in einen anderen Raum. Weisen Sie Ihren Hund mit einem nachdrücklichen „Es reicht" auf sein Fehlverhalten hin, ohne ihn anzuschreien. Das ist kein Drohen oder Meckern und Sie vermeiden das zu häufig verwendete „Nein". Wenn Ihr Hund beginnt, sich unangemessen zu verhalten, sagen Sie mit sehr ruhiger Stimme: „Es reicht", bringen ihn nach draußen und legen ihn an die Laufleine.

Dank der Laufleine müssen Sie Ihrem Hund nicht hinterherlaufen. Lassen Sie ihn für höchstens eine Minute draußen und holen Sie ihn dann wieder ins Haus. Wiederholt er das unerwünschte Verhalten, wiederholen auch Sie Ihres, bis er den Zusammenhang zwischen seinem Fehlverhalten und den Konsequenzen (Trennung von Ihnen) begreift.

SEIEN SIE KONSEQUENT

Wenn Sie konsequent sind und Durchhaltevermögen beweisen, haben Sie das Problem in höchstens zwei Wochen beseitigt. Will der Hund Ihre Aufmerksamkeit erregen, weil Sie zu beschäftigt sind, um sich um ihn zu kümmern, müssen Sie Ihr Verhalten ändern. Ein Betteln um Aufmerksamkeit (Schnappen nach Handgelenken, Händen oder Knöcheln, Scharren, Anstoßen mit der Schnauze, Besteigen von Gegenständen, Anbellen) bedeutet aber nicht zwangsläufig, dass Sie nicht genug Zeit mit Ihrem Hund verbringen. Manchmal ist sogar das Gegenteil der Fall und Ihr Hund legt dieses Verhalten unabhängig davon an den Tag, wie viel Aufmerksamkeit Sie ihm schenken.

Dabei ist zu beachten, dass Sie das Verhalten Ihres Hundes nicht kontrollieren können. Sie können es nur beeinflussen, indem Sie Ihre Reaktion entsprechend anpassen. Achten Sie darauf, positives Verhalten zu belohnen. Begehen Sie nicht den Fehler, Ihrem Hund nur dann Aufmerksamkeit zu schenken, wenn er sich falsch verhält. Dadurch wird er sein Fehlverhalten immer wiederholen, wenn er Ihre Aufmerksamkeit gewinnen möchte. Jagen Sie also Ihren Hund durch den Garten, weil er ein Handtuch stibitzt hat, ist das für ihn ein Spiel und er wird nicht freiwillig damit aufhören.

▲ *Konsequentes Training führt fast immer zum gewünschten Erfolg.*

Richtig belohnen

Um Ihren Hund bestmöglich zu trainieren, sollten Sie richtiges Verhalten beziehungsweise die gewünschte Reaktion mit einem Leckerli oder einem Spiel mit seinem Lieblingsspielzeug belohnen und ihn loben. Was den Hund angeht, so sind Leckerlis äußerst beliebt, das Loben hingegen weniger.

ARTEN DER BELOHNUNG

Knoblauchwurst kann Wunder bewirken, denn die meisten Hunde mögen den starken Geruch und den Geschmack. Leckerlis wirken jedoch nicht bei jedem Hund. Einige sind äußerst wählerisch und Sie müssen sehr kreativ sein, um das richtige Leckerli zu finden. Manche Hunde sind hingegen so aufs Fressen fixiert, dass sie an nichts anderes mehr denken, wenn sie sehen, dass Sie etwas in der Hand halten. Verstecken Sie das Leckerli in diesem Fall besser und geben Sie es dem Hund ganz schnell, sodass er nicht sieht, was Sie sonst noch haben.

▼ *Belohnen Sie richtiges Verhalten mit kleinen, leicht zu kauenden Leckerlis.*

Es ist zudem sinnvoll, mit Ihrem Hund nach dem Fressen zu trainieren, damit er nicht zu hungrig ist. Sollten Sie das Gefühl haben, Ihr Hund bekommt zu viele Belohnungen, können Sie auch kleinere Leckerlis verwenden.

DIE BELOHNUNG AUSSETZEN

Manche Halter sind dagegen, Futter als Belohnung einzusetzen, weil Sie befürchten, ihr Hund folgt Ihnen nur dann, wenn er eine Leckerei dafür bekommt. Das stimmt jedoch nicht. Hat Ihr Hund erst einmal verstanden, was Sie von ihm erwarten, reagiert er instinktiv und die Belohnung kann ausgesetzt werden. Bei Kommandos wie „Fang" ist die Belohnung, dass Sie mit ihm spielen. Denn wer braucht schon Futter, wenn Sie den Ball immer wieder werfen?

▲ *Verwenden Sie für das Training verlockende Leckereien wie Käsestückchen, Würstchen oder selbst gemachten Leberkuchen.*

WANN SOLLTE BELOHNT WERDEN?

Indem Sie Belohnungen effizient einsetzen, können Sie Ihrem Hund beibringen, dass Dinge, die ihn ängstigen, keine Bedrohung darstellen. Krallenschneiden beim Tierarzt kann

Leckerlis

Zu den leckeren Belohnungen gehören:

- Kleine Käsestückchen
- Würstchen
- Karotten
- Hühnchen
- Leberpastete
- Thunfisch
- Wurst
- Alles, was Ihre Kinder auf dem Teller lassen
- Obststücke, falls Ihr Hund diese mag

▼ Spielen stellt für Hunde ebenfalls eine motivierende Belohnung dar.

► Wählen Sie aufregende Belohnungen, die Ihr Hund liebt.

so zu einer angenehmen Erfahrung werden und anstatt jedes Mal laut zu bellen, wenn es an der Tür klingelt, wird er ruhig sitzen bleiben, während Sie schauen, wer an der Tür ist. Sollte er an der Leine zerren, gehen Sie einige Schritte zurück und bringen ihn wieder an Ihre Seite, bevor Sie weitergehen. Zerrt er nicht mehr an der Leine, bekommt er seine Belohnung. Er sollte auch brav sitzen bleiben, wenn Sie ihm die Leine anlegen, während er an der Tür wartet oder während Sie sein Futter zubereiten.

DIE BELOHNUNG VARIIEREN

Finden Sie heraus, was Ihr Hund mag und was er als Belohnung ansieht. Am besten verwenden Sie die etwas langweiligeren Belohnungen im Haus und die aufregenderen, wenn Sie mit ihm draußen sind und fremde Hunde, spielende Kinder oder Pfützen ihn ablenken können. Versuchen Sie auch, die Belohnung zu variieren. Selbst leckere Würstchen werden irgendwann langweilig. Und dann stellt sich kein Überraschungseffekt mehr ein, sondern Routine.

Achten Sie bei Leckerlis darauf, dass sie weich und leicht zu kauen sind, damit Ihr Hund sie schnell fressen kann. An harten Hundekeksen beispielsweise kaut er länger, wodurch sich das Training verzögert.

◄ Variieren Sie die Belohnung. Die meisten Hunde spielen gern Zerrspiele.

► Loben Sie Ihren Hund, wenn er etwas gut gemacht hat. Streicheln ist dabei eine gute Alternative zum Leckerli und zum Spielzeug.

Clickertraining

Eine der wirksamsten Methoden, einen Hund zu trainieren, ist die Verwendung eines Clickers. Dieses kleine Gerät erzeugt ein klickendes Geräusch, das dem Hund signalisiert: „Das hast du gut gemacht!“ Der Clicker kann immer und überall benutzt werden, auch dann, wenn Ihr Hund nicht in Ihrer Nähe ist. Hat der Hund das Prinzip erst einmal verstanden, ist der Rest einfach.

Um Ihren Hund mit dem Clicker vertraut zu machen, halten Sie ihm ein Leckerli unter die Nase und locken ihn damit, sich hinzusetzen. Setzt er sich, betätigen Sie den Clicker und geben ihm das Leckerli. Entfernen Sie sich einige Schritte von ihm, sodass er Ihnen folgt, und wiederholen Sie die Übung. Danach gehen Sie wieder einige Schritte und zeigen ihm erneut das Leckerli. Nun schließen Sie die Hand jedoch und warten, ob Ihr Hund sich hinsetzt. Tut er es, clicken Sie und geben ihm einige Leckerlis. Nimmt er die Sitzposition von allein ein, wenn er das Leckerli sieht, können Sie auch „Sitz“ sagen, sobald sein Hintern den Boden berührt.

Führt Ihr Hund Ihre Kommandos zuverlässig aus, können Sie den Clicker zur Seite legen.

▼ *Verwenden Sie einen Clicker, um Ihren Hund in seinem Verhalten zu bestätigen.*

SO VERWENDEN SIE DEN CLICKER

1 Um den Hund mit dem Clicker vertraut zu machen, halten Sie ihm ein Leckerli unter die Nase. Den Clicker halten Sie in der anderen Hand.

2 Bewegen Sie die Hand mit dem Leckerli langsam über seinen Kopf. Wenn Ihre Hand nach oben geht, sollte der Hund sich setzen.

3 Clicken Sie, wenn sein Hinterteil den Boden berührt. Richten Sie den Clicker nicht direkt auf den Hund und halten Sie ihn nicht direkt an sein Ohr.

4 Belohnen Sie den Hund sofort nach dem Click mit einem Leckerli. So wird er ihn nach und nach mit dem gewünschten Verhalten verbinden.

5 Wiederholen Sie dies zwei Mal, wobei Sie sich jeweils einige Schritte vom Hund entfernen, damit er Ihnen folgt.

6 Zeigen Sie Ihrem Hund das Leckerli, verstecken Sie es in Ihrer Faust und warten Sie, bis er sich setzt.

7 Haben Sie Geduld. Wenn sein Hinterteil schließlich den Boden berührt, betätigen Sie sofort wieder den Clicker.

8 Belohnen Sie ihn – vor allem beim ersten Erfolg – ausgiebig mit Leckerlis und Lob.

DIE GRUND-ERZIEHUNG

Sie haben das Internet durchstöbert, haben alles über die von Ihnen gewählte Rasse gelesen und wissen genau über deren Wesensmerkmale Bescheid. Sie haben sichergestellt, dass Sie ausreichend Zeit für den Welpen haben, sich über Hundeschulen informiert und das nötige Zubehör besorgt. Jetzt ist es an der Zeit, sich mit Grundlagen der Hundeerziehung auseinanderzusetzen. Finden Sie heraus, was Ihren Hund motiviert, damit er das tut, was Sie ihm sagen. Mit dem richtigen Training lassen sich alle Probleme lösen. Kommt Ihr Hund nicht, wenn Sie ihn rufen, liegt das daran, dass das Spiel mit anderen Hunden oder das Streunen durchs Dickicht eine größere Belohnung für ihn darstellt als die, die er von Ihnen bekommen würde. Sorgen Sie also dafür, dass Ihre Belohnung die erstrebenswerteste ist und seien Sie konsequent in Ihrem Training.

◄ *Das Training im Freien hilft, eine vertrauensvolle Beziehung zwischen Ihnen und Ihrem Hund aufzubauen und gibt Ihnen viele Möglichkeiten, ihn zu loben.*

Der Welpe zieht ein

▲ *Die Ankunft des Welpen ist für ihn mit Stress verbunden.*

Sie haben Leine, Napf, Körbchen, Spielzeug, Box und Ratgeber gekauft. Den Kindern haben Sie gesagt, dass sie den Welpen nicht bedrängen sollen, und Sie haben sich eine Woche frei genommen, damit der Familienzuwachs sich eingewöhnen kann. Sie sind bereit. Was nun?

DIE WELPENSICHERE WOHNUNG

Prüfen Sie als Erstes alle Zimmer im Haus in Bezug auf ihre „Welpensicherheit" und schalten Sie alle potenziellen Gefahrenquellen aus. Beginnen Sie mit den Kabeln von Computern, Fernsehern und Telefonen, die Ihrem Welpen gefährlich werden, ihn sogar töten können, wenn er darauf herumkaut. Räumen Sie alles weg, was sich in Reichweite des Welpen befindet, zum Beispiel Pflanzen, Schuhe und Kinderspielzeug. Stellen Sie sich vor, Sie seien ein verspielter Welpe. Was könnten Sie noch kaputt machen?

DEN WELPEN ABHOLEN

Die beste Zeit, um Ihren Welpen vom Züchter abzuholen, ist der Vormittag. So hat er genügend Zeit, das Frühstück zu verdauen, damit ihm bei der Autofahrt nicht schlecht wird. Setzen Sie ihn in einen kleinen Hundekorb oder in einen mit einer Decke ausgelegten Pappkarton. Sichern Sie diesen. Wenn er zu Hause ankommt, wird er vielleicht ängstlich sein und sich weigern zu fressen. Möglicherweise macht Ihr Welpe auch auf den Teppich, aber seien Sie unbesorgt, er steht unter großem Stress, da er gerade seine Mutter und Geschwister verlassen hat.

DIE EINGEWÖHNUNG

Sobald Sie mit Ihrem Welpen zu Hause ankommen, gehen Sie mit ihm nach draußen und lassen ihn die Umgebung erkunden. Bleiben Sie jedoch die ganze Zeit bei ihm. Loben Sie ihn, wenn er sein Geschäft verrichtet. Sollte er das nicht tun, gehen Sie alle 10 Minuten mit ihm nach draußen, bis es klappt. Dann loben Sie ihn. Helfen Sie ihm, sich einzugewöhnen, indem Sie Ruhe im Haus schaffen und die Kinder unter Kontrolle halten. Stellen Sie seine Box oder sein Körbchen in eine ruhige Ecke, in der er ungestört schlafen kann. Lassen Sie ihm auch einige Tage Zeit, bevor Sie ihn Ihren Freunden präsentieren.

Seien Sie nicht beunruhigt, wenn er Durchfall bekommt – das ist eine Reaktion auf den Stress, den die Veränderung mit sich bringt. Halten Sie sich an die Anweisungen des Züchters bezüglich der Ernährung, sonst machen Sie die Verdauungsprobleme möglicherweise noch schlimmer.

◄ *Geben Sie Ihrem Welpen Zeit, sich an die neue Umgebung zu gewöhnen.*

▼ *Stellen Sie das Körbchen des Welpen in eine ruhige Ecke.*

Sorgen Sie für stabiles Spielzeug, mit dem Ihr Welpe spielen kann. Geben Sie ihm aber auch genügend Zeit, sich auszuruhen. Ein Welpe braucht viel Schlaf. Stellen Sie sicher, dass die Kinder ihn in Ruhe lassen, denn ein müder Welpe ist ein schlecht gelaunter Welpe.

Lassen Sie sich mit der ersten Impfung ruhig etwas Zeit. Bauen Sie erst eine Verbindung zwischen sich und dem Hund auf, sodass der Besuch beim Tierarzt möglichst stressfrei verläuft.

▲ *Ein verspielter Welpe braucht gutes und passendes Kauspielzeug.*

DIE ERSTE NACHT

Die erste Nacht kann zu einer Herausforderung werden, wenn sie nicht geplant wird. Ihr Welpe muss nicht nur in einer ungewohnten Umgebung schlafen, sondern auch das erste Mal ohne den Rest des Wurfes. Gehen Sie mit ihm Gassi und bringen Sie ihn danach zu seiner Box. Schalten Sie das Licht aus und schließen Sie die Tür. Aber was, wenn er anfängt zu winseln? Ignorieren Sie ihn nicht – er ist einsam und vermisst die gewohnten Geräusche, Gerüche und die Wärme seiner Geschwister. In den ersten Nächten können Sie die Kiste neben Ihr Bett stellen, bis er sich eingewöhnt hat. Möchten Sie das nicht, können Sie auch für einige Nächte auf dem Sofa schlafen und die Kiste daneben stellen.

Wenn Sie in seiner Nähe schlafen, hören Sie auch, ob er nachts raus muss, und können mit ihm Gassi gehen. Das hilft sehr, ihn stubenrein zu bekommen. Welpen haben eine sehr kleine Blase und müssen deshalb öfter raus. In weniger als einer Woche sollte er allein in seiner Box schlafen.

Winselt er dann immer noch, schreien Sie ihn nicht an – das verursacht Stress und Angst. Stecken Sie stattdessen Ihre Hand in die Box, um ihn zu beruhigen und wieder zum Schlafen zu bringen, oder wickeln Sie ein Handtuch um eine warme Flasche und legen sie diese zu ihm in die Box. Sie können auch das Radio einschalten, sanfte Musik wirkt sehr beruhigend.

Am nächsten Morgen gehen Sie sofort wieder mit ihm nach draußen, damit er sich erleichtern kann. Tragen Sie ihn nach draußen, denn das Laufen könnte ihn dazu ermutigen, sein Geschäft drinnen zu verrichten.

◄ *Lassen Sie Ihren Welpen in der ersten Nacht in seiner Box. Sollte er winseln, beruhigen Sie ihn.*

► *Gehen Sie mit ihm am nächsten Morgen in den Garten, damit er langsam stubenrein wird.*

Toilettentraining

Toilettentraining ist das Wichtigste für den jungen Welpen und der Züchter hat hoffentlich schon damit begonnen, ihn an die Hundetoilette im Garten zu gewöhnen. Ermutigen Sie den Welpen niemals, sein großes Geschäft im Haus zu erledigen, auch nicht auf Zeitungspapier. Lernen Sie, die Signale zu erkennen, die anzeigen, dass er sich erleichtern muss. Ein Welpe, der dringend muss, kann nicht warten.

◄ Belohnen Sie den Welpen mit Leckerlis, wenn er sich in seiner Box still verhält. Diese ist auch ein gutes Hilfsmittel beim Toilettentraining, denn der Welpe will seinen Schlafplatz nicht verschmutzen.

WIE OFT?

Wie oft der Welpe zur Toilette muss, hängt von verschiedenen Faktoren ab, auch von seiner Ernährung. Bekommt er Trockenfutter, trinkt er mehr Wasser als bei Nassfutter und muss entsprechend öfter. Bei einer Ernährung mit billigem Hundefutter, das viele Füllstoffe enthält, wird auch mehr Kot produziert und der Welpe muss häufiger raus. Auch die Größe des Welpen beeinflusst die Häufigkeit der Toilettengänge. Kleinrassige Welpen haben kleinere Blasen, die öfter entleert werden müssen.

TOILETTENTRAINING MITHILFE EINES ABGEGRENZTEN AREALS

1 Bringen Sie den Welpen an der Leine zu dem – idealerweise umzäunten – Areal, das seine Hundetoilette darstellt.

2 Belohnen Sie ihn mit einem Leckerli, sobald er am vorgesehenen Ort sein Geschäft erledigt hat. Achten Sie darauf, dies unmittelbar zu tun.

TRAININGSMETHODEN

Dem Welpen beizubringen, dass er sich draußen entleeren muss, braucht seine Zeit und geht nicht ohne kleine Unfälle ab. Es ist eine Hilfestellung für ihn, wenn sein Schlafplatz in einer Hundebox ist, denn diese möchte der Welpe nicht verunreinigen. Gewöhnen Sie den Welpen an die Box, indem Sie ihm durch die Gitterstäbe Leckerlis reichen und ihn hineinsetzen, wenn er müde ist. Nehmen Sie ihn heraus, wenn er winselt.

Bestrafen Sie den Welpen nicht, wenn es im Haus zu einem Malheur gekommen ist, er traut sich sonst nicht, die Toilette in Ihrem Beisein zu benutzen, und das Training wird sehr schwierig. Er entleert sich dann vielleicht, wo Sie ihn nicht sehen können, und sei es in einer Handtasche.

Zu Anfang sollten Sie den Welpen nach dem Aufwachen, nach dem Essen, nach dem Spielen, wenn er aufgeregt ist sowie alle 45 Minuten nach draußen bringen. Zeigen Sie ihm sein Toilettenareal im Garten, das möglichst umzäunt sein sollte – vor allem, wenn Sie kleine Kinder haben, denn Sie möchten ja nicht,

▲ *Verwenden Sie zum Reinigen ein geruchsbindendes Spezialmittel aus der Tierhandlung.*

dass die Kinder in Hundehaufen treten. Bringen Sie den Welpen an der Leine zu dem Areal und loben Sie ihn überschwänglich, wenn er dort tut, was er tun soll. Geben Sie ihm ein Leckerli, aber achten Sie auf den richtigen Zeitpunkt: Er bekommt es erst, wenn er fertig ist.

Manche Welpen schnüffeln am Teppich oder Boden, gehen im Kreis oder hocken sich hin, wenn sie müssen. Wenn Sie das bemerken, klatschen Sie in die Hände, um seine Aufmerksamkeit zu erregen, und locken ihn zur Tür. Ist es dafür schon zu spät, nehmen Sie ihn auf den Arm und bringen ihn rasch nach draußen zu seiner Toilette.

SAUBER MACHEN

Ist ein Malheur passiert, reinigen Sie die Stelle mit einem Spezialreiniger aus der Tierhandlung, der den Uringeruch völlig beseitigt. Normale Haushaltsreiniger und Desinfektionsmittel leisten das nicht, sie überdecken den Geruch lediglich. Der Welpe erkennt ihn aber und denkt, die Stelle sei sein Hundeklo.

ANDERE MÖGLICHKEITEN

Wenn Sie den Welpen längere Zeit allein lassen müssen, dann bleibt nichts anderes, als absorbierende Tücher (Pads) zu verwenden, die den Urin aufsaugen, oder Zeitungsblätter auf dem Boden auszubreiten. Sehen Sie zu, dass der Welpe versteht, wozu die Pads oder das Papier gedacht sind. Setzen Sie ihn jedes Mal, wenn Sie bemerken, dass er sich entleeren will, auf die Tücher oder das Papier.

Hundeklappen sind in diesem Fall nutzlos, da der Welpe nicht versteht, dass er nach draußen zu seinem Klo gehen muss. Zudem sollten Welpen außerhalb des Hauses nie unbeaufsichtigt sein.

Bringen Sie dem Welpen bei, sich auf ein Kommando hin zu entleeren, indem Sie das Kommando in dem Augenblick aussprechen, in dem er anfängt, sein Geschäft zu verrichten. Er stellt so zwischen Handlung und Kommando eine Verbindung her.

GLOCKE LÄUTEN

Bringen Sie dem Welpen bei, ein Glöckchen zu läuten, wenn er nach draußen muss. Hängen Sie dazu ein kleines, leichtes Glöckchen an einem Faden so an die Türklinke, dass es sich in Höhe der Schnauze des Welpen befindet. Wenn Sie mit ihm zur Tür gehen, um ihn hinauszubringen, klingeln Sie unmittelbar bevor Sie die Tür öffnen. Er wird lernen, dass er das Glöckchen bewegen muss, wenn er raus will. Nehmen Sie das Glöckchen auch in den Urlaub mit.

GLÖCKCHEN LÄUTEN

1 Hängen Sie das Glöckchen in Höhe der Schnauze Ihres Welpen an einem Faden an die Türklinke.

2 Läuten Sie vor dem Öffnen der Tür; mit der Zeit lernt der Welpe zu läuten, wenn er nach draußen muss.

Fell- und Körperpflege

Es ist für den Besitzer, den Tierarzt und den Hundefriseur wichtig, dass der Hund daran gewöhnt ist, angefasst zu werden. Er kann dann behandelt werden, ohne dass man ihn fixieren muss (was für das Tier und den Besitzer Stress pur ist), und der Hund ist entspannt. Ein Hund, der nervös ist oder sich bedroht fühlt, könnte beißen.

VORTEILE DER FELL- UND KÖRPERPFLEGE

20 Prozent aller Hundebisse zielen auf die Hand des Besitzers, der den Hund beim Halsband fassen will. Kinder werden häufig ins Gesicht gebissen, wenn sie mit dem Hund schmusen wollen. Forschungen haben ergeben, dass Hunde, die schon als Welpen viel angefasst wurden, besser sozialisiert sind und auf Menschen und andere Hunde weniger aggressiv reagieren. Ein Hund, der gelernt hat, dass er angefasst wird, beißt seltener.

▼ *Beim Tierarzt ist es wichtig, dass Ihr Hund sich anfassen lässt.*

Sie bemerken auch schneller, ob sich irgendwo Knoten bilden, die auf eine Krankheit hinweisen können. Beim Tierarzt ist es ebenfalls von Vorteil, wenn Ihr Hund jede Art von Berührung hinnimmt.

Wenn Sie regelmäßig das offene Maul des Hundes untersuchen und/oder seine Zähne reinigen, können Sie ihm leichter helfen, wenn er etwas Gefährliches oder Störendes ins Maul bekommt. Sie können es ihm abnehmen oder entfernen, ohne dass er sich wehrt. Auch Medikamente können Sie ihm dann leichter verabreichen oder ihn versorgen, falls er verletzt ist. Er erlebt Sie dann nicht als Bedrohung. Insgesamt sollte der Hund gewohnt sein, dass Sie Augen, Ohren, Pfoten und die Analregion untersuchen. Dann ist es auch kein Schock für ihn, wenn der Tierarzt einmal die Temperatur messen muss.

An die Fellpflege sollte Ihr Hund ebenfalls gewöhnt sein. Sie können dann problemlos seine verschmutzten Pfoten reinigen oder verfilztes Fell ausbürsten beziehungsweise kämmen. Kurzhaarige Rassen brauchen genauso viel Fellpflege wie langhaarige, denn auch sie verlieren Haare, die entfernt werden sollten.

▲ *Häufiges Bürsten gewöhnt den Hund daran, berührt zu werden.*

Regelmäßige Fellpflege heißt auch Entfernen von Flöhen und Zecken, die gesundheitliche Probleme verursachen können. Ein kurzes Überbürsten genügt da nicht, besonders Zecken muss man suchen und fachmännisch entfernen.

SEIEN SIE SANFT

Nicht alle Hunde mögen es, wenn man sie untersucht. Manche haben nichts dagegen, dass man ihnen den Bauch oder die Ohren krault, können aber die Untersuchung der Zähne oder Pfoten nicht leiden. Zwingen Sie Ihren Hund nicht, sein Maul zu öffnen, sie könnten ihn alarmieren oder verletzen, und wenn Sie sich ihm das nächste Mal nähern, könnte er nach Ihnen schnappen oder Sie beißen. Gehen Sie sanft und behutsam vor.

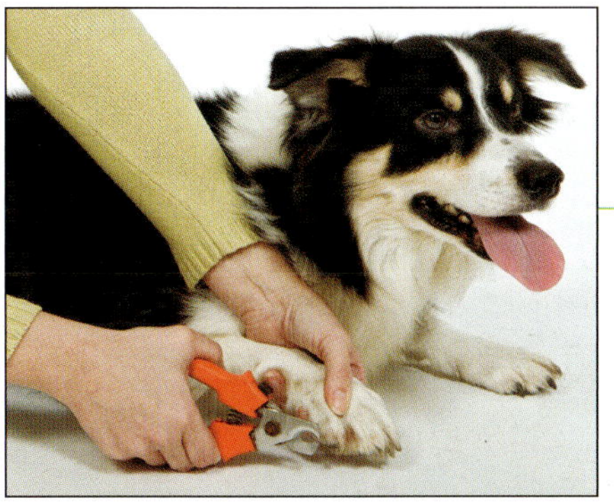

▲ *Ihrem Hund regelmäßig die Krallen schneiden zu können ist wichtig.*

Loben und belohnen Sie ihn bei jedem Schritt, damit er merkt, dass nichts Schlimmes geschieht. Bauen Sie Vertrauen auf. Es macht nichts, wenn mehrere Anläufe nötig sind, bis er zulässt, dass Sie seine Zähne prüfen.

DEN ANFANG MACHEN

Beginnen Sie damit, dass Sie Ihren Hund sanft streicheln, damit er sich an Sie gewöhnt. Bei einem Welpen, der schnappt, warten Sie, bis er müde ist. Während Sie ihn streicheln, spielen Sie mit seinen Ohren und schauen hinein. Streicheln Sie den Vorderlauf und befühlen Sie sacht die Pfote. Wenn er sie wegzieht, streicheln Sie sie immer wieder und fassen sie kurz an. Möchte er nicht, dass Sie seine Zähne anschauen – was bei den meisten Hunden der Fall ist –, gewöhnen Sie ihn langsam daran, dass Sie sein Maul berühren. Lassen Sie ihn an einem Stück Käse in ihrer Hand lecken oder schmieren Sie Käse an die Kühlschranktür oder auf einen gekachelten Boden und lassen Sie ihn lecken, während Sie die Lefzen anheben, um seine Zähne zu betrachten. So können Sie ihn auch ablenken, während Sie seine Ohren, den Bauch oder die Region unter dem Schwanz in Augenschein nehmen. Hat er sich daran gewöhnt, dass Sie ihn untersuchen, bitten Sie eine andere Person, das Gleiche zu tun. Haben Sie Kinder, können auch diese den Hund untersuchen, sollten dabei aber Vorsicht walten lassen. Gibt es Stellen, an denen der Welpe nicht angefasst werden möchte, belohnen Sie ihn, wenn er die Berührung doch zulässt. Berühren Sie das Maul des Welpen besonders vorsichtig. Wenn er gerade die Milchzähne verliert und die bleibenden Zähne durchkommen, ist der Gaumen sehr empfindlich.

▶ *Ihren Hund zu loben, während Sie seine Pfote abtasten, stärkt sein Vertrauen zu Ihnen.*

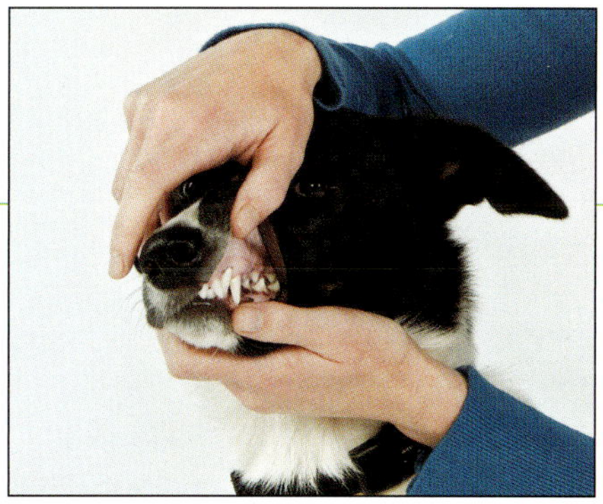

▲ *Sie sollten Ihren Hund auch am Maul berühren können, um seine Zähne zu begutachten.*

▲ *Belohnen Sie Ihren Hund, wenn er sich von Ihnen hat untersuchen lassen.*

▼ *Ist er es gewohnt, dass Sie seine Pfoten waschen und abtrocknen, wird er es sogar genießen.*

Sozialisation und Gewöhnung

Welpen müssen sozialisiert werden, damit sie andere Welpen, Hunde, Menschen beiderlei Geschlechts, Kinder, Babys in Kinderwagen, alte Menschen, Rollstuhlfahrer und vieles mehr akzeptieren lernen. Dabei gilt es zu beachten, dass das Sozialisationsfenster nur etwa bis zur 14. Lebenswoche des Welpen geöffnet ist. Je mehr Erfahrung er bis dahin gesammelt hat, desto besser wird er als erwachsener Hund mit seiner Umgebung zurechtkommen. Bitten Sie zu Besuch kommende Freunde, dem Welpen Leckerlis zu geben, damit die Begegnung erfreulich für ihn ist.

SOZIALISATION

Der Züchter sollte bereits mit der Sozialisation begonnen und den Welpen täglich berührt haben. Wenn Sie in einem großen, umtriebigen Haushalt leben, wird der Welpe bald an viele Geräusche, Geräte und Menschen gewöhnt sein. Geht es in Ihrem Haushalt ruhiger zu, versuchen Sie ihm trotzdem möglichst viel Abwechslung und Erfahrung zu bieten.

VOR DER 12. WOCHE

Bevor er 12 Wochen alt ist, sollte Ihr Welpe so viel wie möglich sehen und erleben. Bitten Sie Freunde jeden Alters, auch Kinder, zu Besuch. Beruhigen Sie ihn bei deren Ankunft, damit er sich an die Situation gewöhnen kann. Kinder sollten auf den Welpen vorbereitet werden, damit sie ihn nicht erschrecken oder aufregen.

Sind Fremde im Haus, geben Sie ihm sein Lieblingsfutter, damit er trotzdem frisst.

Bürsten Sie Ihren Welpen täglich, schauen Sie dabei in seine Ohren sowie sein Maul und prüfen Sie seine Pfoten. Lassen Sie das auch Fremde machen, damit er sich beim Tierarzt nicht fürchtet. Gewöhnen Sie ihn zudem an sein Halsband. Das ist wichtig, denn in nächster Zeit stehen einige Impfungen an und gegebenenfalls auch die Kennzeichnung mithilfe eines Mikrochips.

▲ *Kinder sollten unter Anleitung lernen, selbst für ihren Hund zu sorgen. Der Welpe sollte jünger als 12 Wochen sein, wenn die gegenseitige Gewöhnung beginnt.*

◀ *Katzen und Hunde, die zusammen aufwachsen, vertragen sich meist gut.*

GEWÖHNUNG

Viele Welpen haben zunächst Angst vor dem Lärm, den Haushaltsgeräte wie Staubsauger und Mixer machen. Je öfter sie die Geräusche hören, desto schneller gewöhnen sie sich daran. Und je mehr Gewöhnung im frühen Lebensalter stattgefunden hat, desto leichter gewöhnt sich auch der erwachsene Hund an Neues.

Gewöhnung ist darüber hinaus ein Trainingsmittel. Ist Ihr Welpe erwartungsvoll erregt, sobald Sie nach der Leine greifen, dann erwartet er, dass

▲ *Bleiben Sie bei Ihrem Welpen, wenn er frisst. So gewöhnt er sich an Menschen in der Nähe seines Fressnapfs.*

▲ *Der wöchentliche Gesundheitscheck bereitet den Welpen auf einen stressfreien Besuch beim Tierarzt vor.*

▲ *Nehmen Sie den Welpen überall mit hin, damit er sich auch an die Umgebung gewöhnt, in der Sie leben.*

Sie mit ihm spazieren gehen. Nehmen Sie die Leine jedoch immer zur Hand, wenn Sie zur Tür gehen, dann lernt er, dass das Leine-in-die-Hand-Nehmen nicht zwangsläufig einen Spaziergang bedeutet.

STADT UND LAND

Lassen Sie den Welpen Fremde kennenlernen, etwa den Briefträger. Leben Sie in der Stadt, nehmen Sie den Welpen mit aufs Land. Behalten Sie ihn aber auf dem Arm oder an der Leine, damit er lernt, dass er keine Wildtiere jagen darf. Belohnen Sie ihn, wenn er bei Ihnen bleibt und auf Ihre Kommandos hört. Lassen Sie Ihren Hund nie von der Leine, wenn Vieh auf einer Weide steht, besonders nicht, wenn dort zum Beispiel Schafe mit Lämmern grasen. Sie als Halter sind für Ihren Hund verantwortlich und müssen für die Schäden, die er anrichtet, geradestehen. Es empfiehlt sich daher unbedingt, eine Tierhalterhaftpflichtversicherung abzuschließen.

Leben Sie auf dem Land, sollten Sie den Welpen umgekehrt an die Stadt gewöhnen. Nehmen Sie ihn zu einer ruhigen Tageszeit mit und machen Sie ihn langsam mit dem Verkehr und dem Lärm vertraut. Lassen Sie Ihren Hund in der Öffentlichkeit nicht von der Leine, ehe er 12 Wochen alt ist und alle Impfungen erhalten hat – er könnte sich bei fremden Hunden mit Krankheiten anstecken. Nehmen Sie ihn aber zu Freunden mit, die ebenfalls Hunde haben, damit er Artgenossen kennenlernt.

► *Wenn Sie Ihren Welpen an Pferde gewöhnen, wird er als ausgewachsener Hund keine Angst vor ihnen haben.*

Welpenschule und Welpenpartys

Ihr Welpe muss erzogen werden und auf Besuche beim Tierarzt vorbereitet sein. Dafür gibt es Hilfsangebote: die Welpenschule und Welpenpartys. In der Schule erhält der junge Hund professionelles Training und der Halter jede Menge Rat, wie er mit dem Hund richtig umgeht. Welpenpartys sind zwanglose Zusammenkünfte von Welpen und ihren Besitzern in einer Tierarztpraxis, wo die jungen Hunde Artgenossen kennenlernen und sich an die Praxisräume gewöhnen können. Sie werden auf den Behandlungstisch gesetzt, bekommen vom Praxispersonal Leckerlis und werden gestreichelt, damit der „echte“ Tierarztbesuch später weniger Stress verursacht. So weit die Theorie, tatsächlich können Welpenpartys leicht zu einem Albtraum ausarten.

WELPENSCHULEN

Ehe Sie sich für eine Welpenschule entscheiden, fragen Sie, ob Sie erst einmal zum Zuschauen vorbeikommen können. Oder fragen Sie Freunde, ob diese Ihnen eine Schule empfehlen können. In einer Klasse, die von einem Trainer und einem Assistenten geleitet wird, sollten nicht mehr als acht Welpen sein. Der Unterricht sollte aus einer Mischung von Welpentraining und Halterinformation bestehen, das heißt, Sie sollten von einem Tierarzt oder Pfleger über Impfungen, die richtige Ernährung und andere gesundheitsrelevante Fragen informiert werden und die Möglichkeit haben, Fragen zu stellen.

Es sollten immer nur zwei Welpen gleichzeitig von der Leine gelassen werden, wobei auf deren Temperament und Größe zu achten ist. Sie werden gelobt, wenn sie mutig sind, sich beschnuppern und mit ihrem neuen Freund zu spielen beginnen. Wichtig dabei ist, ihnen Zeit zu lassen und sicherzustellen, dass kein doppelt so großer Welpe auf sie losgehen kann. Die anderen Welpen der Klasse bleiben auf dem Schoß der jeweiligen Besitzer, bis sie an der Reihe sind – eine gute Möglichkeit, die Nuancen der Körpersprache der Hunde zu erlernen sowie ihre Art, miteinander zu kommunizieren zu beobachten.

In einer guten Welpenschule lernen Sie, wie Sie Ihren Welpen erziehen, sodass er auf Ihre Kommandos

▲ *Lassen Sie den Welpen die Tierarztpraxis erst einmal kennenlernen.*

▼ *Das Praxispersonal kümmert sich meist liebevoll um die Welpen.*

▼ *Welpen, die sich sicher fühlen, fürchten den Tierarzt weniger.*

► *Wenn Sie zwei Welpen haben, achten Sie darauf, dass sie nicht nur miteinander spielen, sondern auch mit Ihnen.*

hört, und wie Sie mit Problemen, etwa beim Toilettentraining oder beim Füttern, umgehen.

GEHORSAM TRAINIEREN

Einige Welpenschulen gehen einen Schritt weiter und lehren die Welpen eng bei Fuß auf der richtigen Seite des Besitzers zu gehen usw. Nicht alle Halter sind an dieser Art von Sondertraining interessiert, aber es ist in jedem Fall gut, wenn der Hund lernt, an der Leine zu gehen, ohne zu zerren, und nicht dem Impuls nachzugeben, wegzurennen oder hinter irgendetwas herzujagen.

WELPENPARTYS

Leider braucht man keine besondere Ausbildung, um Welpenpartys veranstalten zu dürfen. Das ist problematisch, denn bei unzureichender Aufsicht, kann die Party leicht aus dem Ruder laufen. Zum einen sind die Warteräume der meisten Tierarztpraxen zu klein für ein ganzes Rudel von frei laufenden Welpen. Zum anderen kann es zu Übergriffen der größeren Hunde auf die kleineren kommen, wenn es keine adäquate Überwachung gibt. Von den Welpen zu erwarten, dass sie das selbst untereinander ausmachen, ist unfair: Manche sind nun einmal größer, kräftiger und/oder mutiger als andere. Besonders die schüchternen können dadurch zusätzlich eingeschüchtert werden, während die anderen sich zu Rowdys entwickeln. Welpen, die in eine für sie beängstigende Situation geraten, entwickeln kein Selbstvertrauen; beim nächsten Besuch im Park werden sie versuchen, anderen Hunden auszuweichen. Aber so muss es nicht ablaufen. Findet die Welpenparty unter geschulter Leitung statt, kann sie durchaus positiv für die Entwicklung der jungen Hunde sein.

Eine gelungene Party bietet eine frühe Gewöhnung an die Tierarztpraxis in sicherer Umgebung. Die Welpen sehen, hören und erleben Neues, und Sie erfahren etwas über tiermedizinische Fragen. Die Welpen kommen mit anderen Welpen zusammen, die Halter erhalten Gelegenheit, andere Halter kennenzulernen und sich auszutauschen. Wenn alles gut läuft, gewinnen die Welpen an Selbstvertrauen und verlieren die Furcht vor dem Tierarzt. Besuchen Sie eine solche Party erst einmal ohne Ihr Tier, um sich zu vergewissern, dass sie vernünftig geleitet wird.

▼ *Geben Sie Welpen bei richtigem Verhalten kleine Leckereien als Belohnung.*

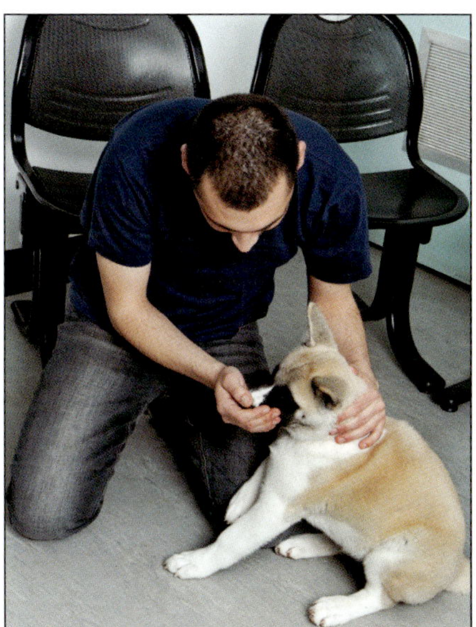

▼ *Welpen sollten lernen, sich in Gegenwart von Fremden zu entspannen und sich streicheln zu lassen.*

Spielen ist wichtig

Spielen ist nicht nur ein wunderbares Mittel, um eine Beziehung zu Ihrem neuen Welpen aufzubauen, sondern auch ideal, um ihn spielerisch zu erziehen. So eignet sich eine Runde Tauziehen bestens dazu, Ihrem Hund beizubringen, sich unter Kontrolle zu halten, Gegenstände loszulassen und was passiert, wenn er versehentlich Kleidung oder Haut zu fassen bekommt (hier sollte das Spiel umgehend beendet werden). Zudem stärkt es den Teamgeist und bei schlechtem Wetter können Sie ihm so ermöglichen, überschüssige Energie im Haus loszuwerden. Aber noch wichtiger ist, dass Sie ihm mit diesem Spiel Kommandos wie „Aus", „Sitz" (wenn er zu aufgeregt ist) sowie „Halt" beibringen können. Für einige Hunderassen gibt es zudem keine bessere Belohnung als eine Runde Tauziehen.

▲ *Größere Kinder können mit dem Hund beim Tauziehen herumtollen.*

TAUZIEHEN

Wenn Ihr Hund nicht weiß, wie man Tauziehen spielt, können Sie es ihm sehr leicht beibringen. Schlängeln Sie ein Hundetau über den Boden, um Ihren Hund dazu zu animieren, es zu jagen. Wenn er es fängt, loben Sie ihn. Dann werfen Sie es ein Stück von sich weg, damit er es wieder fängt. Ergreifen Sie nun das andere Ende, ziehen Sie vorsichtig daran und lassen Sie es gleich wieder los. Wenn Ihr Hund mit dem Tau wegläuft, laufen Sie ihm nicht hinterher. Er wird es Ihnen schon bald zurückbringen, um weiterzuspielen.

Sobald Ihr Hund das Spiel verstanden hat, können Sie ein paar Regeln einbauen und es in Ihr Training integrieren. Wird er übermütig, sobald Sie das Tau hervorholen, verstecken Sie es hinter Ihrem Rücken, bis er sitzt und geduldig wartet. So bringen Sie ihm etwas Selbstkontrolle bei. Reagiert er brav, wenn Sie das Tau holen, verstecken Sie es hinter Ihrem Rücken und geben ihm das Kommando zum Sitzen. Wenn er sich hinsetzt, erhält er als Lob das Tau. Geben Sie ihm das Kommando „Nimm", wenn er das Tau nimmt, und ziehen Sie mit ihm um die Wette daran. Anschließend halten Sie ein Leckerli direkt unter seine Nase. Sobald er das Tau loslässt, um das Leckerli zu

◄ *Hunde lieben es, miteinander zu spielen, benötigen dabei aber immer Aufsicht.*

► *Viele Hunde jagen und apportieren gern Gegenstände. Dieses Spiel fördert den Beziehungsaufbau.*

fressen, sagen Sie: „Aus!“ Nach einigen Wiederholungen sollte er gelernt haben, das Spielzeug loszulassen, wenn Sie ihm ein Leckerli präsentieren. Sollte er versehentlich Kleidung oder Haut zu fassen bekommen, lassen Sie das Tau los und gehen weg. So begreift er, dass er einen Fehler gemacht hat.

WÄHLEN SIE PASSENDE SPIELE

Es ist wichtig, dass nicht immer Sie gewinnen. Dem Hund macht es keinen Spaß, immer zu verlieren. Früher glaubte man, dass ein Hund, der immer gewinnt, dominant würde. Doch das stimmt ganz und gar nicht. Das Spiel sollte Hund und Mensch Spaß machen.

Kleine Kinder sollten nicht mit dem Welpen Tauziehen spielen, da die Gefahr von Verletzungen und Übermut zu groß ist. Dasselbe gilt für Fangspiele. Ringen ist ebenfalls kein geeignetes Spiel. Welpen können hierbei zu übermütig werden und ein schüchternes Tier könnte noch weiter eingeschüchtert werden.

DAS ERSTE TAUZIEHEN MIT EINEM WELPEN

1 Ziehen Sie ein buntes Hundetau über den Boden, um ihn zum Spielen zu animieren.

2 Ihr Welpe sollte das Tau fangen und dann darauf herumkauen. Loben Sie ihn dafür.

3 Werfen Sie das Tau ein Stück von sich weg und ermuntern Sie Ihren Welpen, es zurückzubringen.

4 Lassen Sie ihn mit dem Tau spielen, ohne ihm zu folgen. Bringt er es zurück, wiederholen Sie das Ganze.

5 Lassen Sie den Welpen einige Male gewinnen und geben Sie ihm Zeit, auf dem Tau herumzukauen.

Selbstvertrauen für schüchterne Hunde

Die Gründe für Schüchternheit bei Welpen sind vielfältig. Bei einigen ist es genetisch bedingt, andere wiederum sind der Schwächste eines Wurfes oder haben schlechte Erfahrungen mit einer lieblosen Familie gemacht und/oder waren im Tierheim. Was auch immer der Grund ist, die Schüchternheit muss umgehend angegangen werden, bevor sie zu größeren Problemen wie Angst und Aggression führt. Denn dann könnte der Hund alles und jeden anspringen, da er sich bedroht fühlt.

◄ *Schüchterne Hunde verstecken sich, bis sie sich in ihrer neuen Umgebung sicher fühlen.*

▼ *Ein Mangel an Sozialisierung führt zu Schüchternheit, aber Sie können die Selbstsicherheit Ihres Hundes stärken.*

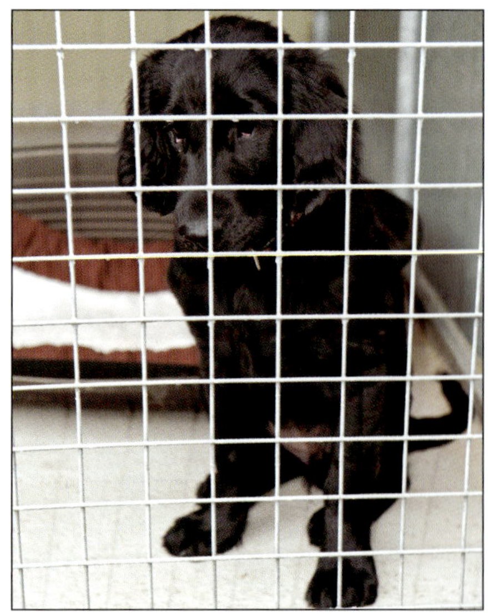

WAS KÖNNEN SIE TUN?

Wenn Sie einen älteren Hund mit geringem Selbstvertrauen haben, werden Sie mehr Zeit und Geduld brauchen, denn er muss lernen, für ihn beängstigende Dinge als normal zu akzeptieren und eventuell sogar mit etwas Positivem zu verbinden. Am besten lassen Sie sich von einem Hundetrainer beraten, der Ihnen auch die Körpersignale Ihres Hundes erklärt, damit Sie sehen, ob dieser Fortschritte macht.

Ihrem schüchternen Welpen können Sie selbst helfen, richten Sie sich dabei jedoch nach dessen Tempo. Drängen Sie ihn nicht, unterstützen Sie ihn auf sanfte Weise und hören Sie sofort auf, wenn Sie merken, dass es ihm zu viel wird. Hilfreich ist auch, wenn Sie Freunde haben, die Sie unterstützen können. Achten Sie jedoch darauf, dass sie stets genau Ihren Anweisungen folgen. Nichts ist weniger förderlich als jemand, der sich mit Hunden auszukennen glaubt und Ihren Welpen überfordert, indem er ihn streichelt oder hochhebt, bevor dieser dazu bereit ist. Zwingen Sie dem Welpen nicht Ihr Tempo auf. Das kann zu einer Phobie führen. Lassen Sie Ihre Freunde Platz nehmen, bevor Sie den Welpen in den Raum holen. Dann geben Sie ihm Zeit, diese kennenzulernen – nicht andersherum.

Lassen Sie den Welpen das Vorgehen bestimmen. Loben Sie ihn, wenn er selbstsicher handelt, ignorieren Sie ihn, wenn er Angst zeigt. Bestrafen Sie

► *Drängen Sie Ihren schüchternen Welpen nicht. Geben Sie ihm Zeit, seine neue Umgebung und alle Familienmitglieder kennenzulernen.*

◀ *Belohnen Sie jedes mutige Verhalten Ihres scheuen Hundes.*

▼ *Bringen Sie Ihren Welpen mit so vielen Menschen in Kontakt wie möglich.*

ihn nicht, dadurch wird das Problem nur größer. Trösten Sie ihn aber auch nicht – auch wenn es Ihnen schwerfällt. Denn Ihr Hund könnte dies als Belohnung für seine Schüchternheit missverstehen. Das Training eines schüchternen Welpen verlangt Geduld, aber seine wachsende Selbstsicherheit wird Sie dafür belohnen.

MEHR SELBSTVERTRAUEN IM FREIEN

Seien Sie vorsichtig, wenn im Freien Fremde auf Sie zukommen, um Ihren schüchternen Welpen kennenzulernen und zu streicheln. Dies könnte ihn überfordern und er könnte zubeißen. Eine bessere Möglichkeit ist, eine freundlich wirkende Person zu bitten, Ihrem Welpen ein Leckerli zu geben. Er mag dies zunächst verweigern, aber geben Sie nicht auf. Mit der Zeit wird er immer zutraulicher werden.

SETZEN SIE REALISTISCHE ZIELE

Seien Sie realistisch, wenn Sie Ihren schüchternen Welpen an andere Menschen gewöhnen. Denn Sie erreichen genau das Gegenteil, wenn Sie ihn mit zu vielen beängstigenden Erlebnissen auf einmal konfrontieren. Bewegen Sie sich mit kleinen Schritten auf Ihr Ziel zu.

Wählen Sie zunächst einen ruhigen Platz, etwa eine Bank in einem Park, setzen Sie sich hin und beobachten Sie das Geschehen. Ist Ihr Welpe in dieser Situation völlig entspannt, können Sie mit ihm durch den Park spazieren. Als Nächstes gehen Sie mit ihm eine ruhige Straße entlang, danach eine belebtere. Über die folgenden Tage, Wochen oder Monate wird er so auch in einer geschäftigen Umgebung zurechtkommen.

◀ *Sozialisierung ist für schüchterne Hunde wichtig. Loben Sie ihn, wenn Fremde an Ihnen vorbeigehen.*

▶ *Mit Belohnungen bringen Sie Ihrem Welpen bei, dass fremde Menschen keine Gefahr darstellen.*

Dem Welpen seinen Namen beibringen

Beim Spaziergang mit Ihrem Hund müssen Sie mit ihm kommunizieren können, wenn er ohne Leine mit anderen Hunden spielt oder an etwas schnüffelt. Wenn Sie seinen Namen rufen, bekommen Sie seine Aufmerksamkeit, um weitere Kommandos zu geben wie „Komm, wir gehen nach Hause" oder „Aus", wenn er etwas Unappetitliches frisst, einem Jogger hinterherjagt oder Fußball spielenden Kindern nachläuft.

▼ *Wenn Ihr Welpe seinen Namen kennt, bekommen Sie stets seine Aufmerksamkeit.*

WARUM DER NAME WICHTIG IST

Wenn Sie Ihren Hund beim Namen rufen, möchten Sie, dass er Sie erwartungsvoll anblickt und auf das nächste Kommando wartet. Es ist ausgesprochen wichtig, dass Sie Ihrem Welpen beibringen, auf seinen Namen zu hören. Falls er sich vor etwas fürchtet, rennt er vielleicht in Richtung Hauptstraße. In diesem Fall könnte es sein Leben retten, wenn Sie ihn dazu bringen, sofort zurückzukommen.

Es ist nicht überraschend, dass viele Welpen mit 4 Monaten denken, ihr Name sei „Nein" , denn das ist eines der Wörter, die Welpen und Hunde zu häufig zu hören bekommen. Es ist viel besser, Ihren Welpen beim Namen zu rufen und dann ein Kommando zu erteilen, als einfach nur „Nein" zu schreien. Zum anderen Extrem gehören Kinder, die den Namen des Welpen aufgeregt immer und immer wieder rufen, sodass sich der Name abnutzt und zu einem Hintergrundgeräusch wird. Rufen Sie ihn nicht, um ihn auszuschimpfen, weil er auf Ihren Schuhen rumgekaut hat, oder um etwas zu tun, das er nicht mag, beispielsweise ein Bad nehmen. Denn so wird er den Klang seines Namens mit Ärger assoziieren und weglaufen.

DEN NAMEN BEIBRINGEN

Mehrmals am Tag sollten Sie sich die Zeit nehmen, Ihrem Hund seinen Namen beizubringen. Nutzen Sie dafür eine Handvoll Leckerlis oder sein Lieblingsspielzeug. Nehmen Sie ihn an die Leine, sodass er nicht weglaufen kann. Werfen Sie ein Leckerli auf den Boden in Ihrer Nähe und lassen Sie ihn fressen. Sobald er fertig

▲ *Ihr Welpe muss auf seinen Namen reagieren, wenn Sie mit ihm im Freien sind.*

ist, sagen Sie seinen Namen. Wenn er zu Ihnen aufschaut, loben Sie ihn. Ignoriert er Sie, sagen Sie nichts. Ziel der Übung ist, dass Ihr Welpe Sie anschaut, sobald Sie das erste Mal seinen Namen sagen.

Reagiert er nicht sofort beim ersten Mal, hat er womöglich nicht verstanden, was sein Name bedeutet. Sie müssen seine Aufmerksamkeit auf andere Weise auf sich lenken, zum Beispiel indem Sie in die Hände klatschen. Sobald er Sie anschaut, sagen Sie ihm, dass er ein guter Junge ist, und belohnen ihn. Werfen Sie nun ein weiteres Leckerli beziehungsweise das Spielzeug in eine andere Richtung (vier bis fünf Mal) und testen Sie, ob er Sie ansieht, wenn Sie seinen Namen sagen. Wiederholen Sie diese Übung drei bis vier Mal am Tag. So sollte Ihr Hund bald auf seinen Namen hören.

Dieselbe Methode nutzen Sie, wenn Sie einen älteren Hund umbenennen. Einige glauben, dass man den Namen eines Hundes nicht ändern kann, aber das stimmt nicht. Ein Name ist für den Hund nur ein Geräusch. Er versteht das eigentliche Wort nicht. Rettungshunde haben zum Teil schon mehrere Namen gehabt, bis sie in einem ständigen Zuhause unterkommen. Befolgen Sie einfach die drei gerade vorgestellten Übungsschritte, dann bringen Sie Ihren Hund auch dazu, auf einen neuen Namen zu hören.

Hat Ihr Welpe erst einmal den Klang seines Namens verstanden, ruinieren Sie diesen Erfolg nicht, indem Sie ihm andere Worte wie „Keks" beibringen wollen. Warum? Dadurch lernt er, dass sein Name nichts bedeutet, während das Wort „Keks" wichtig ist.

ABLENKUNGEN EINBAUEN

Die nächste Stufe ist, während des Trainings für Ablenkungen zu sorgen, sodass Ihr Welpe mit etwas anderem beschäftigt ist, aber trotzdem auf Ihr Rufen hört.

▲ *Belohnen Sie Ihren Welpen mit Spielen, wenn er auf seinen Namen hört.*

Laden Sie Freunde ein, lassen Sie ihn mit den Kindern spielen oder im Garten herumtoben und geben Sie ihm neues Spielzeug. Wenn er in jeder Situation auf seinen Namen reagiert, können Sie mit ihm in den Park gehen und ihn dort rufen, wenn er gerade an einem Baum schnüffelt.

Bringen Sie Ihrem Welpen bei, dass er auf seinen Namen reagieren muss, egal was er gerade tut. Lassen Sie auf seinen Namen jedes Mal ein Kommando folgen. Beobachten Sie einmal, wie viele Besitzer ihren Hund beim Namen rufen und erwarten, dass er die eigentliche Bedeutung „Komm" versteht. Sie müssen Ihrem Hund unmissverständlich sagen, was Sie von ihm erwarten.

SO BRINGEN SIE IHREM WELPEN SEINEN NAMEN BEI

1 Werfen Sie ein Leckerli auf den Boden in Ihrer Nähe und halten Sie den Welpen an der Leine.

2 Lassen Sie den Welpen das Leckerli fressen. Sobald er es gefressen hat, sagen Sie seinen Namen.

3 Wenn er Sie anschaut, loben Sie ihn. Wenn er Sie ignoriert, schweigen Sie und wiederholen die Übung.

Heranwachsende Hunde

Es überrascht wenig, dass es sich bei den meisten Hunden in Tierheimen um heranwachsende Hunde zwischen 6 Monaten und 2 Jahren handelt. Genau wie Jugendliche in der Pubertät sind auch junge Hunde aufgrund der Ausschüttung verschiedenster Hormone in dieser Phase am anstrengendsten.

KAUDRANG

Ihr niedlicher Welpe wird in die Höhe schießen, sobald der Wachstumsschub einsetzt, der mit Schmerzen einhergehen kann. Erschwerend kommt mit dem Durchbruch der bleibenden Zähne ein starker Kaudrang hinzu. Kaum haben Sie die Kauphase des kleinen Welpen überstanden, beginnt auch schon die nächste. Doch diesmal sind seine Zähne größer und können erheblichen Schaden anrichten. Daher ist es wichtig, eine umfangreiche Sammlung an Kauspielzeug für den Hund zu besitzen. Kaufen Sie neues, falls er für sein Welpenspielzeug nun zu groß ist.

▼ *Heranwachsende Hunde lieben es, mit anderen Hunden zu spielen.*

HORMONELLE VERÄNDERUNGEN

Auch Sexualität spielt eine wichtige Rolle, sobald eine Hündin zum ersten Mal läufig wird und der Testosteronspiegel eines Rüden neue Höchstwerte erreicht. Ein heranwachsender Rüde hat mehr Testosteron als ein erwachsener und Ihr gehorsamer Welpe verwandelt sich nun in einen von Hormonen gesteuerten Teenager.

In dieser Phase ist es sehr verlockend, Ihren Hund anzuleinen, aber es ist nach wie vor wichtig, ihn mit anderen Hunden spielen zu lassen. Sie werden sehr schnell merken, dass Ihr heranwachsender Hund nun mit hochgestrecktem Schwanz auf andere Hunde zueilt, denen er sich früher mit herabhängender Rute genähert hat. Diese älteren Hunde tolerieren zwar ruppiges Verhalten von einem Welpen, aber nicht von einem heranwachsenden Hund – und weisen ihn gegebenenfalls zurecht.

▲ *Je größer sie werden, desto selbstbewusster treten Welpen auf.*

SOZIALE KOMPETENZ

Eine Möglichkeit, die soziale Kompetenz Ihres heranwachsenden Hundes zu fördern, ist, mit ihm neue Orte zu erkunden, wo er auf fremde Hunde trifft. Die meisten Hundebesitzer verfallen in eine Routine und gehen mit ihrem Hund immer im selben Park spazieren, wo sie immer wieder dieselben Menschen mit denselben Hunden treffen. Aber die soziale Kompetenz eines heranwachsenden Hundes wird schnell abbauen, wenn ihm keine Abwechslung geboten wird.

An dieser Stelle ist anzumerken, dass wir manchmal zu viel von unseren Hunden erwarten und glauben, jeder Hund, auf den sie treffen, würde sofort zu ihrem besten Freund. Natürlich kämpfen heranwachsende Hunde auch miteinander, aber diese Kämpfe sind meistens nicht ernst, sondern nur ein Kräftemessen.

HERANWACHSENDE RÜDEN

Es kann sein, dass Ihr heranwachsender Rüde bald anfängt, seine Duftmarke in großen Mengen an allen möglichen senkrechten Objekten zu hinterlassen, darunter jede Straßenlaterne und jeder Baum. Auch Ihr

Haus oder das Haus Ihrer Freunde bleibt davon womöglich nicht verschont. Geraten Sie in diesem Fall nicht in Panik, sondern bringen Sie ihm mit Belohnungen bei, wo er seine Marken setzen darf und wo nicht. Eventuell wird er auch auf seine Sexualität aufmerksam und empfindet es als unwiderstehlich und aufregend, die Beine von Menschen zu besteigen. Eine Kastration kann hier Abhilfe schaffen.

HERANWACHSENDE HÜNDINNEN

Hündinnen können genauso viel Ärger machen wie Rüden. Wenn sie läufig sind, ziehen sie sich möglicherweise zurück, werden launisch, schnappen nach Rüden, die ihr Hinterteil beschnüffeln wollen, und verweigern ihr Futter. Wenn Sie mehrere Hündinnen besitzen, behalten Sie sie im Auge, da es zu Auseinandersetzungen zwischen ihnen kommen kann.

▼ *Heranwachsende Rüden besteigen auch das Bein eines Menschen.*

▼ *Junge Rüden urinieren oft, um ihre Duftmarke zu hinterlassen.*

Hündinnen werden ab dem 6. Lebensmonat läufig (je kleiner die Rasse, umso früher). Es tritt normalerweise für 10 Tage ein Bluten auf und danach ist die Hündin bereit, gedeckt zu werden. In dieser Zeit sollten Sie nicht mit ihr im Park spazieren gehen, da sie Kämpfe zwischen den Rüden auslösen wird.

Während der Läufigkeit ist Ihre Hündin eventuell etwas gereizt oder es kommt zu einer Scheinträchtigkeit. Sie verhält sich dann, als würde sie Welpen erwarten, wird mürrisch, verweigert das Futter und trägt ein bestimmtes Spielzeug mit sich herum, als wäre es ihr Welpe. Dies kann für die Hündin und für ihren Besitzer traumatisch sein. Eine Sterilisation nach der ersten Läufigkeit kann Abhilfe schaffen. Wenn sich Ihre Hündin sehr unwohl fühlt, kann der Tierarzt lindernde Medikamente verschreiben.

▼ *Wichtig für Hunde in den Flegeljahren: gegenseitiges Beschnüffeln.*

DIE WICHTIGSTEN KOMMANDOS

Das einfachste Kommando, das Sie Ihrem Hund beibringen können, ist „Sitz". Gehorcht er unmittelbar, ersparen Sie sich jedes Mal viel Krawall, wenn es an der Tür läutet. Setzt sich Ihr Hund auf Kommando hin und bleibt ruhig, können Sie ihn bedenkenlos überall mit hin nehmen. Am besten beginnen Sie das Training im Haus, wo Sie sich von den einzelnen Zimmern zum Garten vorarbeiten. Die letzte Station ist dann der Straßenrand. Bedenken Sie, dass Sie bei jeder neuen Örtlichkeit möglicherweise die gesamte Übung wiederholen müssen. Die Übungsdauer hängt von der jeweiligen Rasse ab. Bei Spürhunden und Terriern erzielen Sie die besten Ergebnisse mit kürzeren, dafür aber häufigeren Einheiten, während diese bei Collies und Labradoren länger ausfallen dürfen.

◄ *Mit ein wenig Geduld wird Ihr Hund schließlich sogar Gefallen daran finden, Ihren Anweisungen zu folgen. Am besten sind kurze Trainingseinheiten, die ihn nicht überfordern.*

„Sitz"

▶ *Es ist wichtig, dass Ihr Hund sitzen bleibt, wenn er nicht angeleint ist.*

Es ist relativ einfach, Ihrem Hund das Sitzen beizubringen. Wichtig ist, dass er es auf Kommando tut, und zwar zu einem Zeitpunkt, an dem ihn etwas anderes mehr interessiert, etwa eine interessante Fährte im Unterholz.

Nehmen Sie eine Handvoll Leckerlis. Halten Sie eines unter die Nase Ihres Hundes, bewegen Sie es nach oben und langsam etwas nach hinten in Richtung seiner Rute. Das verleitet ihn dazu, seinen Kopf anzuheben, um dem Leckerbissen zu folgen. Sie werden feststellen, dass sich sein Hinterteil senkt, sobald er den Kopf hebt. Sobald sein Hinterteil den Boden berührt, geben Sie ihm das Leckerli und loben ihn. Sollte er zu Ihrer Hand hochspringen, halten Sie das Leckerli zu weit von seiner Nase entfernt. Verstecken Sie es hinter Ihrem Rücken, bis er sich wieder beruhigt hat. Beginnen Sie erneut und achten Sie dieses Mal darauf, dass sich das Leckerli direkt vor seiner Nasenspitze befindet.

Wiederholen Sie diesen Schritt drei bis vier Mal, dann geben Sie ihm alle übrigen Leckerlis. Üben Sie drei bis vier Mal pro Tag. Sollte in der zweiten Übungsstunde das Hinterteil des Hundes ständig den Boden berühren, behalten Sie das Leckerli hinter Ihrem Rücken und geben ihm die Signale mit der leeren Hand, die Sie nach oben und nach hinten in Richtung seiner Rute bewegen. Loben Sie ihn, sobald sein Hinterteil den Boden berührt und belohnen Sie ihn mit dem Leckerli aus Ihrer anderen Hand.

In der nächsten Stufe sagen Sie „Sitz", sobald er sich hinsetzt. Stellen Sie sicher, dass er verstanden hat, was Sie von ihm wollen. Verstecken Sie das Leckerli hinter dem Rücken und sagen Sie: „Sitz!" Folgt er dem Kommando beim ersten Mal? Wenn er vor Ihnen steht und Sie ansieht, hat er es nicht verstanden. Gehen Sie nur dann zur nächsten Phase über, wenn er sich jedes Mal sofort auf Kommando hinsetzt.

Sie werden schnell merken, dass er jedes Mal wieder aufsteht, sobald Sie ihn loben oder ihm ein Leckerli geben. Um ihn dazu zu bringen, sitzen zu bleiben, warten Sie ein paar Sekunden, bevor Sie ihm das Leckerli geben. Dehnen Sie diese Verzögerung schrittweise aus.

Das Ziel ist, dass Ihr Hund am Straßenrand sitzen bleibt, während Sie sich mit jemandem unterhalten. Sollte er das nicht tun, widerstehen Sie dem Drang, seinen Rücken hinunterzudrücken. Erstens könnten Sie seine Knochen beschädigen und zweitens wird er Widerstand leisten und nach oben drücken. Somit müssen Sie jedes Mal stärker drücken.

SO BRINGEN SIE IHREM HUND „SITZ" BEI

1 Haben Sie immer ein paar Leckerlis griffbereit. Halten Sie Ihrem Hund eins vor die Nase und bewegen Sie es nach oben und nach hinten.

2 Wenn Sie das Leckerli in Richtung Rute führen, bewegt der Hund seinen Kopf nach oben und somit sein Hinterteil nach unten. Sagen Sie nun: „Sitz!"

3 Sobald er sich hinsetzt, belohnen Sie ihn mit dem Leckerli. Wiederholen Sie die Übung, wobei Sie die Belohnung schrittweise hinauszögern.

„Platz"

▶ *Hat Ihr Hund erst einmal „Sitz" gelernt, können Sie ihm ganz leicht „Platz" beibringen.*

„Platz" ist ein weiteres wichtiges Kommando, besonders wenn Sie im Garten eines Freundes oder draußen in einem Café sitzen. Wie bei „Sitz" ist es gewöhnlich nicht schwer, Ihrem Hund beizubringen, sich hinzulegen, da es sich um eine natürliche Bewegung handelt. Einigen Rassen (wie Border Collie) fällt es jedoch leichter, dem Kommando zu folgen, als anderen (darunter Windhund und Whippet).

Zuerst bringen Sie Ihren Hund dazu, sich hinzusetzen. Dann halten Sie ein Leckerli unter seine Nase und bewegen es in einer gerade Bewegung hinunter zu seinen Pfoten auf den Boden. Sobald seine Brust den Boden berührt, belohnen und loben Sie ihn. Wiederholen Sie dies nicht öfter als vier bis fünf Mal pro Training, damit er nicht das Interesse verliert.

SO BRINGEN SIE IHREM HUND „PLATZ" BEI

1 Fordern Sie Ihren Hund auf, sich hinzusetzen. Wenn er vor Ihnen sitzt, halten Sie ihm ein Leckerli unter die Nase.

2 Führen Sie das Leckerli langsam in einer geraden Linie von der Schnauze nach unten zu seinen Pfoten. Während Sie das tun, sagen Sie: „Platz!"

3 Sobald Ihr Hund mit der Brust den Boden berührt, geben Sie ihm das Leckerli und loben ihn. Wiederholen Sie dies vier bis fünf Mal.

Wenn Sie einen Terrier haben, der sich lieber direkt aus dem Stand hinlegt, dann locken Sie ihn mit dem Leckerli nach unten und gleichzeitig etwas nach hinten. Wenn er mit der Schnauze und den Vorderbeinen nach unten geht, widerstehen Sie dem Drang, sein Hinterteil nach unten zu drücken. Halten Sie das Leckerli zwischen zwei Fingern auf den Boden und warten Sie. Entweder wird er sich hinlegen oder aufstehen und gehen. Sollte er weggehen, dann wiederholen Sie die Übung, wobei Sie jeden Schritt belohnen, den er erfolgreich absolviert.

Bei einem kleinen Hund oder einem Welpen, der Probleme hat, sich hinzulegen, können Sie Folgendes versuchen: Setzen Sie sich mit ausgestreckten Beinen auf den Boden, ziehen Sie ein Bein an und locken Sie den Hund unter Ihre Kniekehle.

Das Wort „Platz" sollten Sie sagen, sobald Ihr Hund die richtige Position einnimmt. Vergrößern Sie nach und nach die Zeitspanne bis zur Belohnung. Danach versuchen Sie, dass er sich auch bei kleineren Ablenkungen hinlegt, zum Beispiel im Garten. Hierbei gilt: Je schwieriger die Aufgabe, desto größer die Belohnung.

Wenden Sie niemals körperliche Gewalt an, denn dies wird Sie in einen Ringkampf verwickeln, den Sie unweigerlich verlieren. Oder der Hund wird misstrauisch und vor Ihnen zurückschrecken.

„Aus"

► *„Aus" ist ein sehr wichtiges Kommando, wenn Sie wollen, dass Ihr Hund etwas ignoriert.*

Es wird häufiger vorkommen, dass Sie Ihren Hund auffordern müssen, jemanden oder etwas in Ruhe zu lassen. Seien es Gegenstände auf der Straße, Kinderspielzeug, ein Jogger, ein Fahrradfahrer oder im Park spielende Kinder. Das Kommando „Aus" lässt sich auf alles und jeden anwenden, bei dem Sie nicht möchten, dass Ihr Hund ihn oder es berührt, frisst oder jagt. Lassen Sie Ihren Hund selbst entscheiden, welche Position er bei dem Kommando „Aus" einnimmt. Sie sollten nicht zwei Kommandos gleichzeitig erteilen, zum Beispiel „Aus" gefolgt von „Platz".

Legen Sie fünf oder sechs Leckerlis beiseite und nehmen Sie einen Hundekeks in Ihre Handfläche. Zeigen Sie diesen dem Hund. Schließen Sie nun Ihre Hand und halten Sie sie unter seine Nase. Lassen Sie ihn Ihre Hand beschnüffeln, mit der Pfote berühren und ablecken, aber sagen Sie nichts.

SO BRINGEN SIE IHREM HUND BEI, ETWAS ZU IGNORIEREN

1 Halten Sie ein Leckerli unter die Nase Ihres Hundes. Schließen Sie Ihre Hand, sagen Sie nichts.

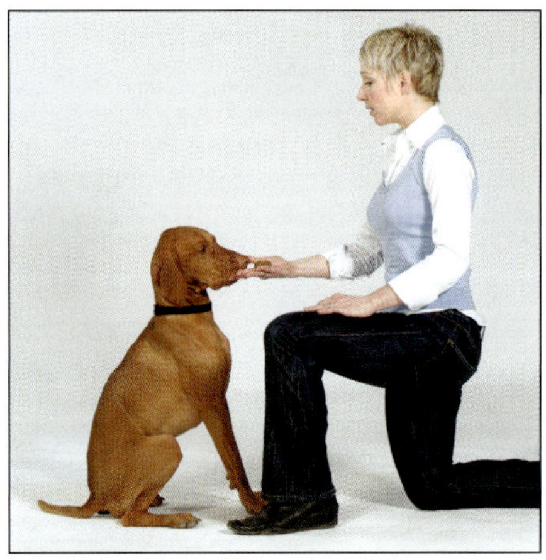

2 Lassen Sie Ihren Hund die Hand untersuchen, bis er zurückweicht. Dann sagen Sie „Aus" und belohnen ihn.

3 Danach gestalten Sie die Übung schwieriger: Legen Sie einige Leckerlis auf den Boden und sagen Sie: „Aus!"

4 Wenn Ihr Hund ruhig sitzen bleibt, belohnen Sie ihn. Mit der Zeit wird er warten, sobald Sie „Aus" sagen.

Ihr Hund wird schließlich irritiert zurückweichen. Sobald er sein Gesicht von Ihrer Hand abwendet, sagen Sie „Aus" und geben ihm ein Leckerli. Sie bringen ihm so bei, dass er nicht das bekommt, was sich in der Hand befindet. Am Ende der Übung legen Sie den Hundekeks wieder weg und verfüttern ihn nicht an Ihren Hund. Während Sie Ihrem Hund das Kommando „Aus" beibringen, sollte er mit der Zeit schneller zurückweichen und geduldig sitzen bleiben. Dann können Sie Ihre Handfläche für einige Sekunden geöffnet halten, bevor Sie ihn loben und belohnen.

Wenn er den Keks zuverlässig in Ihrer Handfläche lässt, gestalten Sie die Aufgabe etwas schwieriger. Nehmen Sie eine für den Hund äußerst leckere Belohnung in die Hand oder lassen Sie einen Hundekeks über den Boden rollen.

Hat Ihr Hund all diese „Aus"-Kommandos gemeistert, nehmen Sie ihn an die Leine und lassen Sie ihn zusehen, wie Sie Futter zur Seite stellen. Binden Sie ihn irgendwo an oder lassen Sie jemanden die Leine halten, während Sie das tun. Das Futter sollte etwa in einer Entfernung von 3 Metern zu Ihnen stehen. Gehen Sie darauf zu und sobald sich Ihr Hund in Richtung Futter bewegt, gehen Sie zurück, bis Ihr Hund aufhört, sich auf das Futter zuzubewegen, und Sie anschaut. Loben und belohnen Sie ihn dafür – bis er schließlich daran vorbeiläuft.

„Bleib“

► *Das Kommando „Bleib“ hilft dabei, Ihren Hund von Gefahren fernzuhalten.*

Das Kommando „Bleib“ bedeutet: „Bleib wo du bist, bis ich wiederkomme.“ Sollte Ihr Hund also durch die Vordertür entwischen, ist es das Beste, ihm zu befehlen, dort zu bleiben, bis Sie ihn holen kommen. Dieses Kommando muss er auch befolgen können, wenn er an Hundewettbewerben teilnimmt.

Bei diesem Kommando müssen zwei Aspekte trainiert werden: Dauer und Entfernung. Erhöhen Sie nach und nach die Wartezeit, während Sie sich immer weiter weg bewegen. Er muss genügend Vertrauen haben, trotzdem dort zu bleiben, wo er ist. Das ist viel schwieriger für einen Hund, als Sie glauben. Werden Sie also nicht böse, falls er zu Ihnen gelaufen kommt. Wenn Sie wütend werden, gerät er in Stress und es ist noch wahrscheinlicher, dass er aufsteht und Ihnen folgt. Sollte er nicht „bleiben“, dann bringen Sie ihn zurück in Position und gehen einige Schritte zurück, sodass er versteht, was Sie von ihm wollen.

Befehlen Sie ihm zunächst, sich hinzusetzen, aber gehen Sie nicht weg. Sagen Sie „Bleib“, während Sie die flache Hand in die Höhe halten. Zählen Sie bis fünf und belohnen Sie ihn. Wenn er 1 Minute sitzt und bleibt, können Sie sich langsam von ihm wegbewegen, zunächst aber nur einen Schritt. Kommen Sie dann zurück zu ihm und belohnen ihn, loben Sie ihn zudem mehrmals.

Beim nächsten Mal gehen Sie zwei Schritte zurück, bevor Sie mit einer Belohnung zu ihm zurückkehren usw. Steht er auf und folgt Ihnen, wenn Sie sich von ihm entfernen, dann hat er nicht verstanden, was Sie von ihm erwarten. In diesem Fall beginnen Sie mit Ihrem Training von vorn.

Erhöhen Sie die Dauer und die Entfernung langsam, da das Lernen dem Hund dann leichter fällt.

Wenn Sie überzeugt sind, dass Ihr Hund das Kommando „Bleib“ begriffen hat, und Sie sich einige Schritte entfernen können, dann üben Sie in einer sicheren Umgebung mit Ablenkungen, zum Beispiel in einer ruhigen Ecke in einem Park. Und wieder vergrößern Sie langsam die Zeitspanne und die Entfernung. Loben Sie ihn jedes Mal, wenn er etwas richtig gemacht hat.

SO BRINGEN SIE IHREM HUND „BLEIB“ BEI

1 Fangen Sie damit an, „Bleib“ zu sagen, während Sie die flache Hand in die Höhe halten.

2 Zählen Sie langsam bis fünf. Bleibt Ihr Hund während dieser Zeit sitzen, belohnen Sie ihn mit einem Leckerli.

3 Wenn Ihr Hund 1 Minute lang ausharrt, bewegen Sie sich weg. Gehen Sie ganz langsam einen Schritt zurück.

4 Kehren Sie zu ihm zurück und belohnen Sie ihn. Erhöhen Sie nach und nach die Anzahl der Schritte.

„Warte“

▶ *Das Kommando „Warte“ lehrt den Hund Geduld und gutes Benehmen.*

Zwischen „Bleib“ und „Warte“ besteht ein feiner Unterschied. „Bleib“ bedeutet, der Hund soll an einem bestimmten Ort bleiben, bis Sie zurückkommen. Dabei geht es häufig um den Aspekt der Sicherheit, zum Beispiel wenn er sich losreißt. „Warte“ wird dagegen verwendet, wenn der Hund sich benehmen und ruhig verhalten soll, etwa während er auf sein Futter wartet. Aber auch, wenn er ruhig an der Leine neben ihnen warten soll, bis Sie zusammen die Straße überqueren. Und wenn Sie die Haustür öffnen, ist „Warte“ ebenfalls ein angebrachtes Kommando, damit er nicht gleich an ihnen vorbei nach draußen schießt, sondern das Haus gesittet verlässt. Gleiches gilt für die Autotür.

Um Ihrem Hund dieses Kommando beizubringen, nehmen Sie ihn am Halsband und legen ein Leckerli so hin, dass er es eben gerade nicht erreichen kann. Sagen Sie noch nichts, halten Sie ihn nur am Halsband zurück, während er zu dem Leckerli strebt. Irgendwann wird er sich entspannen, setzen, vielleicht zu Ihnen aufschauen. Jetzt sagen Sie „Warte“ und lassen ihn anschließend das Leckerli fressen.

Als Nächstes trainieren Sie mit Ihrem Hund das Warten an der Haustür. Dazu nehmen Sie ihn an die Leine, lassen ihn neben sich „Sitz“ machen und sagen: „Warte!“ Dann öffnen Sie die Haustür einen Spalt weit. Steht er auf, um hinauszuspringen, schließen Sie die Tür sofort wieder (aber klemmen Sie ihm dabei nicht die Schnauze ein). Lassen Sie die Leine los, gehen Sie weg, warten Sie kurz und versuchen Sie es dann erneut. Es kann eine Zeit lang dauern, bis Ihr Hund lernt, zu warten, während die Tür geöffnet wird. Loben und belohnen Sie ihn ausgiebig, wenn er es richtig gemacht hat.

Üben Sie das Kommando „Warte“ auch im Freien. Nehmen Sie den Hund an die lange oder die Roll-Leine. Warten Sie, bis andere Hunde oder Menschen in der Nähe sind. Lassen Sie Ihren Hund einige Schritte vor sich herlaufen und sagen dann: „Warte!“ Drücken Sie zudem den Stopper der Roll-Leine oder halten Sie die Leine kurz. Bleibt Ihr Hund stehen und schaut Sie an, belohnen Sie ihn.

SO BRINGEN SIE IHREM HUND „WARTE“ BEI

1 Halten Sie den Hund und platzieren Sie ein Leckerli außerhalb seiner Reichweite. Sagen Sie nichts.

2 Halten Sie ihn zurück, solange er auf das Leckerli zustrebt. Schaut er ruhig zu Ihnen auf, sagen Sie: „Warte!“

3 Anschließend lassen Sie ihn das Leckerli fressen. Loben Sie ihn, dass er geduldig gewartet hat.

4 Wiederholen Sie die Übung, bis Ihr Hund wartet, ohne dass Sie ihn am Halsband zurückhalten.

„Schau"

► *Augenkontakt verhilft einem scheuen Hund zu mehr Selbstvertrauen.*

Ihrem Hund beizubringen, Augenkontakt zu suchen, hat sowohl für ihn als auch für Sie viele Vorteile. Wenn er die Übung beherrscht, können Sie jederzeit seine Aufmerksamkeit auf sich lenken und ihn beispielsweise davon abhalten, im Park anderen Hunden hinterherzujagen. Sie ist zudem sehr hilfreich, wenn Ihr Hund scheu ist. Sie haben so die Möglichkeit, spielerisch sein Selbstvertrauen zu fördern.

Früher glaubte man, es sei besser, direkten Augenkontakt zu vermeiden. Das gilt aber nur für den strengen, strafenden Blick. Denn dann assoziiert der Hund Augenkontakt mit Bestrafung. Kinder, die etwa so groß sind wie der Hund, können Augenkontakt praktisch nicht vermeiden. Hat ein Hund nicht gelernt, Augenkontakt zu halten, kann das sehr gefährlich sein, da er sich bedrängt fühlt und zubeißen könnte. Hat der Hund jedoch gelernt, dass Augenkontakt etwas Positives ist, wird er den Blick in die Augen nicht fürchten und nicht aggressiv reagieren.

Lassen Sie Ihren nicht angeleinten Hund in einem Raum, der keine Ablenkung bietet, neben sich „Sitz" machen, während Sie in der locker geschlossenen Hand Leckerlis halten. Der Hund wird an Ihnen hochspringen und versuchen, an die Leckerlis heranzukommen. Warten Sie, bis er sich von selbst wieder setzt und Sie anblickt. Loben Sie ihn, sobald er das tut, und belohnen Sie ihn mit einem Leckerli, das Sie so auf den Boden werfen, dass er sich etwas von Ihnen wegbewegen muss. Die Absicht dahinter ist, dass er zurückkommt, sich setzt und Sie anschaut, um ein weiteres Leckerli zu bekommen. Nach fünf bis sechs Versuchen sollte der Hund erkannt haben, dass es sich lohnt, Sie anzuschauen. Wenn er Sie länger anschaut, sagen Sie „Schau", damit er den Augenkontakt mit dem Kommando in Verbindung bringt.

Schüchterne Hunde tun sich schwer mit dieser Übung. Seien Sie daher geduldig.

SO BRINGEN SIE IHREM HUND „SCHAU" BEI

1 Ihr Hund sitzt ohne Leine. Zeigen Sie ihm die Leckerlis in Ihrer Hand, geben Sie sie ihm aber nicht. Halten Sie die Hand seitlich von Ihrem Körper.

2 Ihr Hund wird Ihre Hand anstarren und versuchen, an die Leckerlis heranzukommen. Warten Sie, bis er zu Ihnen aufblickt.

3 Sobald er Ihnen in die Augen schaut, werfen Sie ein Leckerli auf den Boden. Er wird Augenkontakt suchen, um mehr zu bekommen.

„Komm"

▲ *Kommt Ihr Hund auf Zuruf zurück, können Sie ihn zum Spielen auch von der Leine lassen.*

Der Rückruf ist eines der wichtigsten Kommandos, das Sie Ihrem Hund beibringen können. Kommt er nicht auf Befehl zurück, muss er ständig an der Leine geführt werden, was ihn an der freien Interaktion mit Artgenossen und Menschen hindert. Zudem heißt immer an der Leine gehen auch weniger Spaß, denn der Hund kann nicht all den verlockenden Gerüchen folgen, die es überall massenhaft gibt.

Dass ein Hund nicht zurückkommt, wenn er gerufen wird, kann viele Gründe haben. Der naheliegendste ist, dass er es nicht gelernt hat. Viele Halter wiegen sich aufgrund ihrer bisherigen Erfahrungen in falscher Sicherheit. Denn Welpen rennen nur selten davon und bleiben lieber in der Nähe ihres Herrchens. Doch ein jugendlicher oder erwachsener Hund mag die Erfahrung ungezügelter Freiheit durchaus genießen. Und wenn Sie dann „Komm her" rufen, nimmt er davon so viel Notiz, als würden Sie jodeln.

Manche Halter meinen auch, es genüge, den Namen des Hundes zu rufen, damit er sein Spiel unterbricht und zurückkommt. Aber wenn er ernsthaft anderweitig beschäftigt ist, nutzt das gar nichts. Er wird zukünftig sogar noch weniger auf Ihr Rufen hören, da er es mit etwas Negativem, nämlich dem Ende des Spiels oder des Spaziergangs verbindet.

Es ist daher wichtig, dass Sie während des Trainings eine Belohnung verwenden, die ein würdiger Ersatz für den Spaß ist, den er dafür aufgibt, zum Beispiel anderen Hunden hinterherzujagen. Ein Hundekuchen reicht da nicht. Versuchen Sie es stattdessen mit einem der selbst gemachten Leckerlis, die auf Seite 26f. vorgestellt werden.

Das Rückruf-Training benötigt viel Zeit und Geduld, loben Sie Ihren Hund daher für jeden Erfolg. Hat er gelernt, auf Zuruf zurückzukommen, könne Sie ihn bedenkenlos von der Leine lassen. Allerdings muss er so konditioniert sein, dass er sofort aufmerksam wird und auf das Kommando „Komm her" richtig reagiert – egal was er sonst gerade tut.

▼ *Loben und belohnen Sie den Hund, wenn er zu Ihnen kommt.*

EINFACHER RÜCKRUF

Beginnen Sie mit dem Training an einem Ort, der wenig Ablenkung bietet. Nehmen Sie Leckerlis sowie das Lieblingsspielzeug Ihres Hundes mit. Geben Sie ihm eines der Leckerlis, um seine Aufmerksamkeit zu bekommen, dann werfen Sie ein weiteres von sich weg. Während Ihr Hund es sich holt und frisst, gehen Sie ein paar Schritte und rufen seinen Namen. Wenn er zu Ihnen schaut, loben Sie ihn schon allein dafür, dass er überhaupt reagiert hat. Kommt er zu Ihnen, loben Sie ihn überschwänglich. Viele Halter sind mit ihrem Lob zurückhaltend, doch in dieser Situation ist jegliche Zurückhaltung fehl am Platz. Belohnen Sie ihn zusätzlich mit einem Leckerli sowie seinem Lieblingsspielzeug. Wichtig ist, dass er erkennt, wofür er belohnt wird: für das Zurückkommen! Geben Sie ihm also dazwischen keine weiteren Befehle wie „Sitz" oder „Platz".

Anschließend wiederholen Sie das Ganze. Sagen Sie jetzt, wenn er auf Sie zukommt: „Komm her!" Führen Sie die Übung fünf oder sechs Mal am Tag durch, damit der Hund aufmerksam bleibt.

Sie können den Rückruf auch in der Küche während des Kochens üben oder im Wohnzimmer, während im Fernsehen die Werbung läuft. Werfen Sie ein Leckerli und rufen Sie den Hund zu sich. Loben Sie jede richtige Reaktion.

SO BRINGEN SIE IHREM HUND „KOMM“ BEI

1 Geben Sie Ihrem Hund an einem möglichst reizarmen Ort ein Leckerli, das seine Aufmerksamkeit weckt.

2 Zeigen Sie ihm das Leckerli und werfen Sie es, um ihm zu zeigen, wo er hingehen soll.

3 Während er sich das Leckerli holt und frisst, entfernen Sie sich ein paar Schritte von ihm.

4 Rufen Sie Ihren Hund mit dem Befehl: „Komm her!“ Loben Sie ihn, wenn er Aufmerksamkeit zeigt.

5 Läuft er auf Sie zu, zeigen Sie Begeisterung. Lächeln Sie und loben Sie ihn überschwänglich.

6 Ist er bei Ihnen angekommen, geben Sie ihm ein Leckerli. Dann wiederholen Sie die Übung.

◀ *An Orten mit viel Ablenkung verwenden Sie am besten seine Lieblingsleckerlis als Belohnung.*

RÜCKRUF BEI ABLENKUNG

Der nächste Schritt ist der Rückruf an einem Ort, wo es viele Ablenkungen gibt, etwa im Garten. Verwenden Sie einen Belohnungshappen, der auf dem Rasen gut sichtbar ist, wie gelber Käse. Lassen Sie ihn das Belohnungsleckerli suchen (besonders Spürhunde werden das lieben) oder werfen Sie es hinter sich, wenn der Hund auf Sie zukommt. So wird aus der Belohnung zusätzlich ein aufregendes Spiel.

Nach etwa einer Woche Training rufen Sie Ihren Hund, wenn er im Garten ist und Sie auf der Terrasse oder im Haus sind, beim Namen und fügen ein „Komm her" an. Kommt er daraufhin zu Ihnen, hat er sich eine dicke Belohnung – zum Beispiel eine Runde seines Lieblingsspiels – und viel Lob verdient. Denn er hat verstanden, was „Komm her" bedeutet.

Nun folgt der nächste Schwierigkeitsgrad. Dazu brauchen Sie einen Helfer, Hundekuchen sowie das Lieblingsleckerli Ihres Hundes. Lassen Sie den Helfer Ihrem Hund einen Hundekuchen direkt vor die Nase halten, während Sie 3 bis 4 Meter entfernt stehen. Rufen Sie Ihren Hund und zeigen ihm, dass Sie sein Lieblingsleckerli haben. Anfangs werden Sie ihn vermutlich mehrfach rufen müssen, bis er zu Ihnen kommt, aber mit der Zeit wird er schneller reagieren. Geben Sie ihm jedes Mal eine besondere Belohnung, damit er weiß, dass sich sein Verhalten auszahlt. Die Belohnung sollte umso größer ausfallen, je schneller er reagiert.

Mit regelmäßigem Training werden Sie diesen Punkt bald erreicht haben. Wichtig ist, dass Sie immer seinen Namen und das Kommando „Komm" verwenden, damit es Ihrem Hund zur zweiten Natur wird, zu Ihnen zurückzukommen, wenn Sie ihn rufen.

Für den letzten Schritt brauchen Sie einen Helfer, den Ihr Hund gut kennt. Zwischen Ihnen und dem Helfer sollten etwa 12 Meter Abstand sein. Lassen Sie ihn den Hund mit Namen zu sich rufen. Läuft Ihr Hund auf den Helfer zu, rufen Sie ihn auf halbem Wege mit „Komm her" zu sich zurück. Wenn das klappt, rufen Sie ihn erst zu sich zurück, wenn er mit dem Helfer spielt, später vom Spiel mit befreundeten und fremden Hunden. Vergessen Sie nie, ihn mit Lob und Belohnung zu überschütten, wenn er gehorcht hat.

Dass Ihr Hund sofort zurückkommt, wenn er gerufen wird, ist eine der wichtigsten Gehorsamsregeln, denn nur dann können Sie ihn bedenkenlos von der Leine lassen.

RÜCKRUF PER PFEIFE

Der Einsatz einer Pfeife hat den großen Vorteil, dass sie lauter und damit für den Hund besser hörbar ist. Sie übertönt Straßen- und anderen Lärm, vor allem, wenn Sie selbst einmal nicht bei Stimme sind.

▼ *Beginnen Sie das Rückruftraining im Haus mit kleinen Leckerbissen.*

▼ *Auch ein Spiel kann eine beglückende Belohnung für Ihren Hund sein.*

Ein weiterer Vorteil der Pfeife besteht darin, dass sie immer haargenau denselben Ton erzeugt, egal ob Sie selbst oder jemand anders sie verwendet. Ihr Ton ist für den Hund mit dem eindeutigen Kommando „Komm her“ verknüpft. Die Pfeife sollte daher nicht gleichzeitig für andere Kommandos benutzt werden.

Es gibt viele verschiedene Pfeifen, und eine laute ist für das Kommando „Komm her“ am besten geeignet. Im Angebot befinden sich zudem spezielle Hundepfeifen, deren Ton so hoch ist, dass Menschen ihn kaum oder überhaupt nicht hören (und so auch nicht gestört werden). Aber auch Trillerpfeifen, wie sie von Schiedsrichtern benutzt werden, können hier zum Einsatz kommen. Wichtig ist nur, dass Sie immer dieselbe Pfeife verwenden.

Das Training gleicht dem gerade beschriebenen. Einziger Unterschied: Statt „Komm her“ zu sagen oder zu rufen, lassen Sie die Pfeife ertönen.

Einen Welpen – aber auch ältere Hunde – können Sie gut an das Kommando „Komm her“ durch Pfeifenton gewöhnen, indem Sie pfeifen, kurz bevor Sie ihm den Futternapf hinstellen. So verknüpft er eine positive Erfahrung mit dem Pfiff und weiß, dass es sich lohnt, darauf zu hören und zu dem zu kommen, der gepfiffen hat. Bei konsequentem Pfeifen (drei Mal am Tag) hat er die Lektion nach einer Woche gelernt. Apportiert Ihr Hund einen Ball, können Sie die Pfeife während er auf Sie zukommt ebenfalls einsetzen. Denn auch hier stärkt sie die Verknüpfung zwischen Ton und dem Kommando „Komm“. Und denken Sie daran: Auch ein Hund, der das Kommando kennt und immer darauf reagiert, sollte von Zeit zu Zeit dafür belohnt werden.

TRAINING MIT DER PFEIFE

1 Werfen Sie ein Leckerli ein Stück weit von sich weg, jedoch so, dass der Hund immer noch sehen kann, wo es liegt.

2 Hat der Hund es gefunden und gefressen, pfeifen Sie. Loben Sie ihn, wenn er reagiert und Sie anschaut.

3 Kommt er zu Ihnen, zeigen Sie Ihre Freude und ermutigen Sie ihn. Loben und belohnen Sie ihn mit Streicheln sowie seinem Lieblingsleckerli.

4 Haben Sie Geduld und geben Sie Ihrem Hund besondere Leckerbissen, wenn er das Kommando trotz Ablenkung befolgt.

Leinegehen

► *Belohnen Sie Ihren Hund, wenn er bei Fuß geht.*

Dem Hund beizubringen, an der lockeren Leine zu laufen, ist eine harte Geduldsprobe. Straßen und Parks sind voller verlockender Duftspuren für den Hund, zu denen er sich im wahrsten Sinne des Wortes hingezogen fühlt. Für den erwachsenen Hund ist es außerdem unwiderstehlich, seine eigene Duftmarke auf fremden Gerüchen zu hinterlassen. Darüber hinaus machen viele Hunde die Erfahrung, dass sie schneller dorthin gelangen, wo sie hinmöchten, wenn sie an der Leine ziehen.

Nur wenige Hundehalter wollen einen desinteressierten, unterwürfigen Bei-Fuß-Geher; sie wollen einen angenehmen, vielleicht flotten Spaziergang, bei dem ihnen nicht der Arm ausgekugelt wird. In Hundeschulen wird gelegentlich gelehrt, der Hund solle links von seinem Halter laufen, da dies auch in einigen Hundewettbewerben verlangt wird. Für den Durchschnittshalter ist es aber in der Regel unerheblich, auf welcher Seite der Hund läuft. Lediglich auf dem Bürgersteig ist darauf zu achten, dass der Hund auf der vom Verkehr abgewandten Seite läuft.

An der Leine laufen ist, was das Thema Konsequenz angeht, eine echte Herausforderung. Gerade beim Morgenspaziergang vor der Arbeit ist nicht immer Zeit für ein entsprechendes Training. Das jedoch verstärkt die Tendenz Ihres Hundes, an der Leine zu zerren, weil die Übung fehlt.

Es gibt zahlreiche Trainingshilfen, die das An-der-Leine-Gehen erleichtern. Ein Brustgeschirr kann hilfreich sein, viele Hundetrainer schwören aber auch auf ein Kopfgeschirr, da es mehr Kontrolle verleiht – vorausgesetzt der Hund akzeptiert es. Probieren Sie einige Modelle aus, um herauszufinden, was für Ihren Hund am besten geeignet ist.

Das Training sollte damit beginnen, dass Ihr Hund ohne Leine bei Fuß läuft, ohne sich ablenken zu lassen. Solange er das nicht kann, wird er auch nicht lernen, an der lockeren Leine zu gehen. Lassen Sie ihn als Erstes „Sitz“ machen und geben Sie ihm ein Leckerli, um seine Aufmerksamkeit zu bekommen. Klopfen Sie nun auf der Seite, an der er gehen soll, an ihr Bein, gehen Sie ein paar Schritte und belohnen Sie ihn, wenn er mitgeht. Bleiben Sie dabei aber nicht stehen, und lassen Sie ihn nicht „Sitz“ machen, sonst denkt er, er bekommt die Belohnung dafür.

▼ *Zerrt der Hund an der Leine, kann Ihnen ein Brustgeschirr zu besserer Kontrolle verhelfen.*

In diesem Stadium können Sie den Hund gar nicht oft genug belohnen, wenn er an Ihrer Seite bleibt. Ein Lob, eine Belohnung alle paar Schritte ist Pflicht. Allerdings wollen Sie ja nicht, dass der Hund nur auf die Hand achtet, die ihn belohnt. Ziel ist vielmehr, dass er frei neben Ihnen läuft und auch das wahrnimmt, was in seiner Umgebung vor sich geht. Reduzieren Sie die Gabe von Leckerlis deshalb schrittweise.

Wenn Sie den Hund dann an die Leine nehmen, sollten Sie darauf achten, ihn nicht mit einem Ruck zu stoppen, wenn er vorprescht. Sie könnten ihn verletzen. Bleiben Sie stattdessen stehen und warten Sie, bis er zurückkommt. Lassen Sie ihn sich setzen, wecken Sie seine Aufmerksamkeit und beginnen Sie die Übung von vorn. Loben und belohnen Sie ihn, wenn er an der Leine neben Ihnen läuft. Nur in diesem Fall verwenden Sie das Kommando „Bei Fuß“. Belohnen Sie ihn auch, wenn er an Ihrer Seite bleibt, während Sie an etwas für ihn Interessantem vorbeigehen. Reagiert er zuverlässig auf Ihre Kommandos, können Sie auf die Belohnung verzichten.

SO BRINGEN SIE IHREM HUND BEI, AN DER LOCKEREN LEINE ZU GEHEN

1 Belohnen Sie den Hund mit einem Leckerbissen, wenn er ohne Leine an Ihrer Seite bleibt.

2 Klopfen Sie mit der Hand an Ihr Bein, um dem Hund zu signalisieren, auf welcher Seite er gehen soll.

3 Steht der Hund auf und geht mit, belohnen Sie ihn alle paar Schritte, wenn er an Ihrer Seite bleibt.

4 Hat Ihr Hund die Übung ohne Leine erfolgreich gemeistert, leinen Sie ihn an und wiederholen das Training mit Leine.

5 Klopfen Sie an Ihr Bein, um Ihrem Hund zu zeigen, was Sie möchten, statt an der Leine zu ziehen. Er soll von sich aus mitgehen.

6 Belohnen Sie Ihren Hund, wenn er an der lockeren Leine läuft. Bleiben Sie dazu aber nicht stehen und achten Sie darauf, dass er dabei nicht sitzt.

Hinlegen

► *Ihr Hund sollte sich ruhig hinlegen, wenn Sie ihm dies sagen.*

Wenn sich Ihr Hund hinlegt, heißt das, dass er Sie nicht stören wird, wenn Sie essen. Er liegt neben Ihnen, wenn Besuch kommt, und er rollt sich glücklich neben Ihnen ein, während Sie lesen. In den meisten Haushalten gibt es ohnehin schon genügend Lärm und Durcheinander, da brauchen Sie mittendrin nicht auch noch einen aufgeregten Hund. Allerdings wäre es unfair, ihn deswegen ausgrenzen, indem Sie ihn in seine Box oder ein anderes Zimmer bringen beziehungsweise ihn mithilfe eines Babygitters aussperren. Mit dem Kommando „Hinlegen" bringen Sie Ruhe ins Chaos.

Wenn sich Ihr Hund aus freien Stücken hinlegt, belohnen Sie ihn mit einem Leckerli und loben ihn. Betonen Sie dabei das Wort „hinlegen". Der Vorteil dieses Kommandos ist, dass der Hund dazu keine bestimmte Position einnehmen muss. Er kann sich auf die Seite legen, einrollen oder ausstrecken. Er kann alles tun, solange er dabei liegt. Leider ignorieren wir Hunde (und Kinder), wenn Sie ruhig sind, obwohl sie zu solch einem Verhalten sofort aktiv ermutigt werden sollten. Denn je öfter Sie ein bestimmtes Verhalten belohnen, desto öfter wird Ihr Hund es an den Tag legen.

Am besten bringen Sie Ihren Hund dazu, sich hinzulegen, wenn er müde ist, zum Beispiel nach dem Fressen oder Spazierengehen. Nehmen Sie ihn an eine lange, locker gehaltene Leine, sodass er sitzen, liegen oder stehen kann, während Sie etwas anderes tun und ihn ignorieren. Er wird es wahrscheinlich seltsam (und langweilig) finden und rastlos werden, aber trotzdem irgendwann zur Ruhe kommen. Sagen Sie nichts (weder „Platz" noch „Sitz"). Warten Sie darauf, dass er sich zum ersten Mal hinlegt. Danach sollte es ihm von Mal zu Mal leichter fallen. Übertreiben Sie es nicht mit dem Loben, da er sonst gleich wieder aufspringt. Streicheln Sie sanft seinen Kopf, geben Sie ihm ein Leckerli und sagen Sie: „Hinlegen!" Je öfter Sie üben, desto einfacher wird es und umso länger bleibt der Hund liegen.

SO BRINGEN SIE IHREM HUND BEI, SICH HINZULEGEN

1 Wählen Sie eine Zeit, zu der Ihr Hund müde ist. Nehmen Sie ihn an eine lange Leine und setzen Sie sich ruhig hin.

2 Ignorieren Sie ihn eine Zeit lang. Sagen Sie nichts, sondern warten Sie geduldig ab. Er wird sich irgendwann neben Sie legen.

3 Wenn er sich hinlegt, belohnen Sie ihn, indem Sie ihm über den Kopf streicheln. Geben Sie ihm ein Leckerli und sagen Sie: „Hinlegen!"

Apportieren

▶ *Durch das stete Wiederholen der Apportier-Übungen bleibt Ihr Hund fit.*

Ihrem Hund das Apportieren beizubringen, hat einige Vorteile. Sie müssen keine langen Spaziergänge mit ihm unternehmen, damit er ausgelastet ist. Falls Sie müde sind, er hingegen einen Adrenalinschub hat, müssen Sie nur einen Ball werfen. Es ist eine tolle Übung, die Sie und Ihr Hund gemeinsam machen können.

Hunde, die von Natur aus nicht gern apportieren, brauchen kurze Trainingseinheiten, sonst sind sie schnell gelangweilt. Das trifft besonders auf Welpen zu. Suchen Sie sich einen Ort, an dem Sie möglichst ungestört sind. Seien Sie nicht überrascht, wenn Ihr Hund sich das Spielzeug, das Sie gerade geworfen haben, schnappt und in die entgegengesetzte Richtung läuft. Laufen Sie ihm auf keinen Fall nach, sonst denkt er, dass Sie ein Fangspiel mit ihm spielen möchten.

Ihr Hund lernt das Apportieren am einfachsten, indem Sie mit ihm üben, einen Gegenstand aufzuheben. Geben Sie ihm beispielsweise Spielzeug, und wenn er es ins Maul nimmt, loben Sie ihn kräftig und bieten ihm ein Leckerli an. So lernt er, den Gegenstand in Ihre Hand zu legen.

Heben Sie das Spielzeug wieder auf und spielen Sie damit auf dem Boden. Sobald der Jagdinstinkt Ihres Hundes geweckt ist, werfen Sie das Spielzeug von sich weg, jedoch nicht zu weit. Hebt er das Spielzeug auf, loben Sie ihn wieder und geben ihm ein Leckerli. Vielleicht lässt er das Spielzeug dann fallen und kommt zu Ihnen, um sich seine Belohnung abzuholen – aber keine Bange, das ist erst der Anfang.

Zeigt Ihr Hund kein Interesse daran, das Spielzeug aufzuheben, spielen Sie damit Verstecken – zeigen Sie ihm den Gegenstand und verstecken Sie ihn dann hinter Ihrem Rücken.

Haben Sie damit sein Interesse geweckt, werfen Sie das Spielzeug weg. Wenn er ihm hinterherläuft und es aufhebt, loben und belohnen Sie ihn. Zeigt er kein Interesse, gehen Sie einige Übungsschritte zurück und belohnen ihn bereits dafür, dass er am Spielzeug schnüffelt.

Durch kurze und häufige Trainingseinheiten, werden sich die Apportierfähigkeiten Ihres Hundes nach und nach verbessern.

SO BRINGEN SIE IHREM HUND DAS APPORTIEREN BEI

1 Wecken Sie sein Interesse, indem Sie Ihrem Hund ein Spielzeug anbieten, es aber außerhalb seiner Reichweite halten.

2 Lassen Sie ihn das Spielzeug nehmen und halten Sie ihm ein Leckerli unter die Nase. Wenn er das Spielzeug fallen lässt, belohnen Sie ihn.

3 Sobald er gelernt hat, dass er ein Leckerli bekommt, wenn er das Spielzeug fallen lässt, werfen Sie es ein wenig von sich weg.

4 Loben Sie ihn, wenn er das Spielzeug aufhebt, und geben Sie ihm ein Leckerli, wenn er es zu Ihnen zurückbringt. Jagen Sie nicht hinter ihm her.

„Gib"

▲ *Apportierspiele machen erst richtig Spaß, wenn Ihr Hund gelernt hat, Gegenstände auch wieder loszulassen.*

Es wird immer wieder passieren, dass Ihr Hund Dinge aufhebt, die er nicht aufheben soll. Indem Sie ihm das Kommando „Gib" beibringen, vermeiden Sie es, Machtkämpfe austragen zu müssen, um Ihre Habseligkeiten wiederzubekommen. Auch was die Sicherheit anbelangt, ist es wichtig, dass Ihr Hund auf Kommando Dinge loslässt.

Trainieren Sie in mehreren Schritten. Nehmen Sie sein Lieblingsspielzeug, das zum Ziehen genutzt werden kann, sowie einige Leckerbissen – je geruchsintensiver, desto besser. Bieten Sie Ihrem Hund das Spielzeug an und beginnen Sie ein Zerrspiel. Halten Sie kurze Zeit später ein Leckerli unter seine Nase. In dieser Situation sollte er das Spielzeug fallen lassen und das Leckerli nehmen. Vielleicht denkt er einige Sekunden darüber nach, also haben Sie Geduld. Es ist wichtig, dass Sie „Gib" sagen, sobald er das Spielzeug fallen lässt. Zeigen Sie ihm dann das Spielzeug erneut und beginnen Sie eine neue Runde.

Üben Sie mehrmals am Tag mit Ihrem Hund. Halten Sie ihm dabei immer ein Leckerli unter die Nase und sagen Sie im richtigen Moment: „Gib!" Nach einigen Tagen sagen Sie „Gib", bevor Sie dem Hund das Leckerli anbieten. Lässt er das Spielzeug dann fallen, geben Sie ihm eine Handvoll Leckerlis als Jackpot.

Ihr Hund sollte bereits als Welpe lernen, Dinge abzugeben. Wenn Sie ihm etwas wegnehmen, dann tauschen Sie es gegen etwas Gleichwertiges aus. Nehmen Sie ihm keine Knochen oder andere für ihn wertvolle Gegenstände weg, nur weil Sie denken, dass Sie das tun sollten. Denn so bringen Sie ihm ganz schnell bei, seinen Besitz zu bewachen. Tendiert er ohnehin dazu, Knochen, Fressen und Spielzeug zu bewachen, dann holen Sie sich Hilfe bei einem Verhaltensspezialisten.

Hat Ihr Hund erst einmal das Kommando „Gib" gelernt, öffnen sich Ihnen viele Möglichkeiten des gemeinsamen Spielens. Die meisten Hunde lieben es, einen Ball zu fangen. Jedoch gibt es für einen Besitzer nichts Frustrierenderes, als anschließend im gesamten Haus nach diesem Spielzeug zu suchen. Da Ihr Hund jedoch gelernt hat, dass er ein Spielzeug gegen ein Leckerli eintauschen kann, wird er Ihnen nun den Ball zurückbringen. Sie können auch ein Spielzeug verstecken, damit der Hund es sucht und Ihnen bringt. Diese Spiele halten den Hund körperlich und geistig fit.

SO BRINGEN SIE IHREM HUND BEI, GEGENSTÄNDE LOSZULASSEN

1 Bieten Sie Ihrem Hund das Ende eines Ziehspielzeugs an und starten Sie ein Zerrspiel, indem Sie an dem anderen Ende ziehen.

2 Lassen Sie das Spielzeug los und holen Sie ein Leckerli aus Ihrer Tasche. Halten Sie dieses direkt unter seine Nase.

3 Geben Sie ihm Zeit zu entscheiden, was er tun will. Sagen Sie „Gib", sobald er das Spielzeug loslässt, und belohnen Sie ihn.

Belohnungen absetzen

Das Ziel des Hundetrainings ist, Ihrem Hund beizubringen, auf Ihr Kommando zu hören – auch ohne Belohnung. Als Welpe müssen Sie Ihren Hund mit einem Leckerli „bestechen“, aber das sollte kein Dauerzustand sein. Sie können nicht die ganze Zeit Leckerlis bei sich haben, die ihn motivieren, nur damit er gehorcht. Die Verwendung von Futter ist auch psychologisch gesehen eher schlecht: Ihr Hund ist so auf seine Belohnung fixiert, dass er kein Kommando ohne sein Leckerli befolgt, selbst in einer für ihn gefährlichen Situation. Weiterhin können Belohnungen nach einer gewissen Zeit langweilig werden und das Verhalten, das Sie versuchen zu fördern, wird nachlassen. Aber zu welchem Zeitpunkt sollten Sie Belohnungen absetzen? Sobald Ihr Hund ein Kommando verstanden hat und richtig reagiert.

Verstauen Sie die Leckerlis so, dass Sie herankommen, aber Ihr Hund nicht, zum Beispiel in Ihrer Hosentasche oder in einer speziellen Gürteltasche. Machen Sie die gleiche Handbewegung, als wollten Sie ihn mit einem Leckerli anlocken, und fordern Sie ihn auf, sich zu setzen. Loben Sie ihn ausgiebig, wenn er sich setzt. Wiederholen Sie dies mehrere Male, wobei Sie Ihrem Hund mal ein Leckerli geben und mal keines. Es kann sein, dass er zunächst irritiert ist, wenn er kein Leckerli bekommt, und womöglich müssen Sie ihn auch zweimal auffordern, aber lassen Sie sich davon nicht beirren.

Wenn sich Ihr Welpe schließlich ohne Leckerlis hinsetzt, können Sie dazu übergehen, die besten Reaktionen zu belohnen. Belohnen Sie ihn also nur noch, wenn er etwas sehr gut gemacht hat. Bei einer weniger guten Reaktion geben Sie keine Belohnung. Belohnen Sie zudem auf unterschiedliche Weise. Spielen Sie zum Beispiel ein Zerrspiel mit ihm oder werfen Sie einen Ball. Gleichzeitig loben Sie ihn.

Beim Hundetraining geht es darum, das Beste aus Ihrem Hund herauszuholen. Daher ist es nun an der Zeit, mehr von ihm zu fordern. Dieses Mal soll Ihr Hund mehrere Kommandos hintereinander befolgen, bevor Sie ihn loben – vielleicht zuerst „Sitz“ und dann „Platz“. Als Nächstes geben Sie das Kommando „Sitz“ und entfernen sich zehn Schritte. Danach gehen Sie zu ihm zurück und loben ihn. Anschließend versuchen Sie, dass er sich setzt, sich hinlegt und sich wieder setzt. Auch hierfür hat er sich eine Belohnung verdient. Gestalten Sie die Übungen nicht zu vorhersehbar.

Zögern Sie die Zeit zwischen dem Befolgen eines Kommandos und der Belohnung immer weiter hinaus. Geben Sie das Kommando „Sitz“, zählen Sie bis zehn und belohnen Sie ihn.

▲ *Lob, Streicheln und Spielen können das Futter als Belohnung ersetzen.*

Beim nächsten Mal sagen Sie ihm, dass er sich hinlegen soll, zählen bis fünf und belohnen ihn dann. Der Hund reagiert am besten, wenn er nicht vorhersehen kann, was kommt.

Wenn Sie damit beginnen, mehrere Kommandos zu kombinieren, wird Ihr Hund vielleicht nicht auf Anhieb so reagieren, wie Sie das möchten – er ist es gewohnt, sofort belohnt zu werden, und Sie haben die Bedingungen geändert. Versuchen Sie es in diesem Fall mit einer leichteren Aufgabe.

SO SETZEN SIE LECKERLIS AB

1 Fordern Sie Ihren Hund auf, sich zu setzen. Gestikulieren Sie dabei, aber ohne Futter.

2 Loben Sie ihn, sobald er sitzt. Belohnen Sie ihn manchmal mit Futter, manchmal mit einem Spiel.

Verhalten im Haus

▲ *An der Tür ist Ihr Hund meist sehr aufgeregt, daher sind Verhaltensregeln wichtig.*

Zu den ersten Dingen, die wir unsere Kinder lehren, gehört es, höflich zu sein und „Bitte" zu sagen, wenn sie etwas möchten. Aber wir lassen nur allzu häufig die Gelegenheit verstreichen, dies auch bei unseren Hunden zu tun.

Alltägliche Belohnungen eignen sich hervorragend, um Ihrem Hund beizubringen, die Dinge, die Sie mit ihm trainiert haben, im richtigen Kontext zu tun. Wenn er beispielsweise in den Garten möchte, um sein Geschäft zu verrichten, dann lassen Sie ihn sich für einen Moment hinsetzen, damit er lernt, seine Blase zu kontrollieren. Gute Ergebnisse erzielen Sie mit Belohnungen wie Spazierengehen oder Spielen.

Am besten geben Sie Ihrem Hund immer nur ein Kommando. Nörgeln Sie nicht an ihm herum. Wenn Sie ihn auffordern, sich hinzusetzen, bevor Sie mit ihm in den Garten gehen, und er nicht beim ersten Mal reagiert, dann entfernen Sie sich für einen Moment von der Tür, ohne etwas zu sagen. Anschließend gehen Sie zurück und versuchen es noch einmal.

Eine weitere Situation ist das Anlegen der Leine, um mit ihm spazieren zu gehen. Sollte Ihr Hund vor lauter Vorfreude anfangen herumzuspringen, lassen Sie die Leine ruhig fallen und gehen weg. Kommen Sie nach 30 Sekunden zurück und nehmen Sie die Leine wieder in die Hand. Zu diesem Zeitpunkt wird seine Aufregung wahrscheinlich noch größer sein. Also lassen Sie die Leine erneut fallen und gehen. Vielleicht setzen Sie während dieser Übung Wasser für einen Tee auf, denn bei einigen Hunden dauert es eine Weile, bis sie begreifen, dass sich ihre Reaktion auf Ihr Verhalten auswirkt. Wenn Sie Ihrem Hund schließlich die Leine angelegt haben und er ruhig sitzt, öffnen Sie langsam die Tür. Falls er versucht, hinauszustürmen, schließen Sie die Tür sofort wieder, lassen die Leine fallen und gehen. Wiederholen Sie dies so lange, bis er ruhig bleibt.

SO BRINGEN SIE IHREM HUND BEI, VOR EINEM SPAZIERGANG RUHIG ZU WARTEN

1 Ist es Zeit für einen Spaziergang, nehmen Sie die Leine und gehen zur Tür. Ihr Hund wird vermutlich sehr aufgeregt sein und herumspringen.

2 Setzt er sich nicht, wenn Sie ihn dazu auffordern, lassen Sie die Leine fallen und gehen ohne etwas zu sagen weg.

3 Sie müssen dies vielleicht einige Male wiederholen, bevor er brav sitzen bleibt. Legen Sie ihm nun die Leine an.

Still sitzen, wenn Besuch kommt

▲ *Es ist wichtig, dass Ihr Hund lernt, sich in Anwesenheit von Besuchern ruhig zu verhalten.*

Einige Hunde begrüßen Besucher so enthusiastisch, dass es peinlich für die Besitzer ist, oder – noch schlimmer – sie beschmutzen mit ihren Pfoten deren Kleidung. Die meisten Hunde wollen auf diese Weise Aufmerksamkeit erlangen. Daher dürfen Sie Ihren Hund in dieser Situation nicht anschreien, ihn am Halsband wegziehen oder ihn schlagen. Denn selbst solch negative Aufmerksamkeit bestärkt Ihren Hund in seinem Verhalten.

Und auch wenn Ihre Besucher bekräftigen: „Das macht doch nichts, ich mag Hunde!", sollten Sie Ihrem Hund nicht erlauben, sie anzuspringen. Ein Kind oder eine ältere Person könnte dabei stürzen und sich verletzen. Ihr Hund kann aber nicht einschätzen, wen er anspringen darf und wen nicht, also müssen Sie bei allen Besuchern konsequent sein. Am besten lassen Sie das Anspringen gar nicht erst zu einer Gewohnheit werden.

Sollte Ihr Welpe Sie anspringen, treten Sie einen Schritt zurück, damit seine Pfoten auf dem Boden landen. Dann gehen Sie in die Hocke, um ihn auf „Augenhöhe"zu begrüßen. So besteht für ihn kein Grund mehr, hochzuspringen. Es ist wichtig, dies auch Kindern beizubringen, denn sie schreien oft auf, wenn ein Welpe sie anspringt, wodurch dieser noch aufgeregter wird.

Ist das Anspringen bereits zur Gewohnheit geworden, wird es etwas länger dauern, Ihrem Hund ein anderes Verhalten beizubringen. Und Sie werden dafür einen Helfer brauchen. Leinen Sie Ihren Hund an, wenn Ihr Besucher kommt. Bitten Sie den Gast, außerhalb der Reichweite Ihres Hundes stehen zu bleiben. Zerrt Ihr Hund an der Leine, um zu ihm zu gelangen, lassen Sie dies unkommentiert zu. Schreien Sie den Hund nicht an, drücken Sie ihn nicht in die Sitzposition und halten Sie ihn nicht zurück. Hier geht es darum, Ihrem Hund die Konsequenzen seines Verhaltens aufzuzeigen.

Sobald die Leine locker baumelt und Ihr Hund sich beruhigt hat, belohnen Sie ihn. Ihr Gast sollte ihn jedoch nicht belohnen, denn Sie möchten, dass Ihr Hund ruhig neben Ihnen sitzt, falls ein zukünftiger Besucher keine Hunde mag. Gäste sollten auch deshalb Ihrem Hund kein Leckerli mitbringen, weil der dies sonst von jedem erwartet.

SO BRINGEN SIE IHREM HUND BEI, STILL ZU SITZEN, WENN BESUCH KOMMT

1 Bitten Sie einen Bekannten um Hilfe. Leinen Sie Ihren Hund an und lassen Sie den Gast zu sich ins Zimmer kommen.

2 Erlauben Sie Ihrem Hund, sich auf den Besucher zuzubewegen. Halten Sie ihn nicht davon ab und schimpfen Sie ihn nicht aus.

3 Nach einer Weile wird sich Ihr Hund hinsetzen. Loben Sie ihn dafür und belohnen Sie ihn mit einem Leckerli.

Entfernung, Dauer und Ablenkungen

Ihr Hund muss Ihre Kommandos befolgen, egal ob er angeleint ist oder nicht, ob in einem Park mit vielen Hunden oder während eines Spaziergangs die Straße entlang. Und er muss dies so lange tun, wie Sie es von ihm verlangen.

Wenn Sie Ihrem Hund beibringen, Ihren Kommandos auch aus der Entfernung zu folgen, sollten Sie Ablenkungen zunächst auf ein Minimum beschränken und die Dauer der Übungen nur langsam erhöhen. Bitte achten Sie auch darauf, die Belohnung dem steigenden Schwierigkeitsgrad anzupassen.

Sobald Ihr Hund in seiner gewohnten Lernumgebung gut auf Ihre Kommandos reagiert, verlegen Sie das Training in den Park, wo Sie üblicherweise mit ihm spazieren gehen. Die Schwierigkeit besteht darin, dass Ihr Hund den Park wahrscheinlich nur mit dem Spielen mit anderen Hunden verbindet. Daher ist er möglicherweise mehr daran interessiert, loszurennen, als mit Ihnen zu üben. Hier ist Ihre Geduld gefragt. Achten Sie zudem darauf, dass andere Hunde sich in sicherer Entfernung befinden, wenn Sie Ihrem Hund Leckerlis als Belohnung geben.

ENTFERNUNG

Wenn Sie Ihrem Hund zum ersten Mal Kommandos aus der Entfernung geben, wählen Sie eine leichte Aufgabe. Fangen Sie mit kurzen Übungen des Kommandos „Sitz“ an, wobei Sie sich wenige Schritte von Ihrem Hund wegbewegen und sofort wieder zurückkommen. Es ist besser, mit einer kurzen Entfernung zu beginnen und schrittweise das Vertrauen des Hundes aufzubauen. Nutzen Sie die Möglichkeiten der Umgebung, um ihn zu belohnen. Ist Ihr Hund beispielsweise an einer langen Leine, lassen Sie ihn zu einem Baum gehen und ausgiebig schnüffeln. Zieht er Sie zu einem Gegenstand, ohne vorher zu sitzen, gehen Sie einige Schritte zurück und versuchen es erneut. Erfüllt er die Aufgabe, bekommt er die ersehnte Belohnung. Sobald Ihr Hund das Sitzen meistert, beobachten Sie ihn, lassen ihn von der Leine und führen die Übungen fort.

DAUER

Neben der Entfernung zwischen Ihnen und Ihrem Hund können Sie auch die Zeitspanne zwischen dem erwünschten Verhalten und der Belohnung verlängern. Diese Übung funktioniert am besten, wenn Sie für Ihren Hund unvorhersehbar handeln. Variieren Sie zum Beispiel beim Kommando „Bleib“ die Zeitspanne, die

SO INTEGRIEREN SIE ENTFERNUNG, DAUER UND ABLENKUNGEN IN IHR TRAINING

1 Vergrößern Sie beim Üben des Kommandos „Bleib“ im Freien schrittweise die Entfernung zwischen Ihnen und dem Hund.

2 Vergrößern Sie, wenn möglich, auch die Zeitspanne zwischen dem erwünschten Verhalten und der Belohnung.

3 Bauen Sie schließlich Ablenkungen in die Übung ein. Rufen Sie beispielsweise jemanden an, sobald sich Ihr Hund hinsetzt.

SO PRÜFEN SIE, OB IHR HUND EIN KOMMANDO VERSTEHT

1 Um zu sehen, ob Ihr Hund das Kommando „Bei Fuß" versteht, leinen Sie ihn ab und sagen seinen Namen.

2 Gehen Sie einige Schritte zurück und rufen Sie: „Bei Fuß!" Versteht Ihr Hund Sie, wird er Augenkontakt aufnehmen und auf Sie zulaufen.

3 Geht er wie von Ihnen gewünscht neben Ihnen her, belohnen Sie ihn reichlich mit Leckerlis und loben ihn ausgiebig.

Sie von Ihrem Hund getrennt sind. Beim ersten Mal belohnen Sie ihn nach 25 Sekunden, dann nach 5 und schließlich nach 10. Ähnlich können Sie beim Gehen an der Leine vorgehen: Belohnen Sie ihn zunächst nach 2 Schritten, dann nach 10, 5 und 20. Auf diese Weise bleibt die jeweilige Übung für Ihren Hund spannend und noch wichtiger: Er wird sich noch mehr anstrengen, um die Belohnung zu bekommen.

ABLENKUNGEN

Trainieren Sie mit Ihrem Hund nicht nur zu Hause und in der Hundeschule, sondern auch in der „realen Welt", wo viele Ablenkungen warten. Denn gerade hier ist es wichtig, dass er Ihnen gehorcht. Er sollte an der lockeren Leine gehen, ohne loszupreschen, wenn sich ihm ein Familienmitglied nähert. Auch darf er nicht einfach über die Straße rennen. Kann er einem Spielzeug auf dem Boden widerstehen und daran vorbeigehen, während Sie ein Telefonat führen? Ablenkungen sind eine Herausforderung für Ihren Hund. Achten Sie also darauf, mit den Anforderungen auch die Belohnung zu erhöhen.

VERSTEHT IHR HUND SIE?

Wenn Sie das Erlernte in der „echten Welt" üben, werden Sie sehr schnell merken, ob Ihr bisheriges Training von Erfolg gekrönt war. Versteht Ihr Hund an jedem Ort und auch bei Ablenkung, was das Kommando „Sitz" bedeutet? Nämlich, dass er sich hinsetzen soll? Und bleibt er sowohl mit als auch ohne Leine neben Ihnen, wenn Sie „Bei Fuß" sagen? Die meisten Hunde lernen an der lockeren Leine zu gehen, weil wir ihnen mit der Leine signalisieren, wo und wie sie laufen sollen. Doch weiß Ihr Hund, was das Kommando bedeutet? Versteht er auch ohne Leine, dass er schnell zu Ihnen kommen und neben Ihnen herlaufen soll?

Testen Sie Ihren Hund im Garten, wenn er nicht abgelenkt ist. Gehen Sie los und sagen Sie seinen Namen gefolgt von „Bei Fuß" (oder dem Kommando, das Sie hierfür verwenden). Wenn er zu Ihnen kommt und neben Ihnen hergeht, geben Sie ihm eine Handvoll Leckerlis.

Das Geheimnis, Ihrem Hund ein Kommando erfolgreich beizubringen, liegt darin, das gewünschte Verhalten zu benennen, sobald er es ausführt. Sagen Sie genau dann „Sitz", wenn sein Hinterteil den Boden berührt, nicht davor und auch nicht danach. Auf diese Weise assoziiert der Hund seine Handlung mit dem Kommando. Wenn Sie es richtig machen, wird er sich hinsetzen, sobald Sie „Sitz" sagen.

▼ *Ihr Hund sollte auch bei Ablenkungen auf Ihre Kommandos hören.*

Zur Erinnerung

Die folgende Zusammenfassung listet noch einmal alle wichtigen Punkte auf, die Sie während des Trainings mit Ihrem Hund beachten sollten.

◀ *Nutzen Sie verschiedene Arten der Belohnung, besonders sein Lieblingsspielzeug.*

BEGINNEN SIE UMGEHEND

Je länger sich ein Hund auf eine bestimmte Art und Weise verhält, desto mehr wird dieses Verhalten zur Gewohnheit. Das gilt sowohl für erwünschtes als auch für unerwünschtes Benehmen. Es ist also Ihre Aufgabe, Ihren Welpen so früh wie möglich zu trainieren (ab der 12. Lebenswoche).

WELCHES ZIEL HABEN SIE?

Widerstehen Sie der Versuchung, sich darauf zu konzentrieren, was Ihr Hund nicht tun soll. Überlegen Sie vielmehr, welches Verhalten Sie sich von ihm wünschen und formulieren Sie konkrete Ziele.

BLEIBEN SIE RUHIG

Es ist weder Ihnen noch Ihrem Hund gegenüber fair, Übungen durchzuführen, wenn einer von Ihnen verärgert, schlecht gelaunt, gestresst oder einfach nicht in Stimmung ist. Warten Sie, bis Sie beide gut gelaunt und aufmerksam sind, dann ist der Lernerfolg auch viel größer.

SEIEN SIE KONSEQUENT

Sie verwirren Ihren Hund, wenn Sie ein Kommando verwenden, bei dem Sie je nach Situation ein unterschiedliches Verhalten erwarten. Das Kommando „Aus" beispielsweise wird häufig in mehreren Situationen gebraucht: wenn Ihr Hund jemanden anspringt, wenn Sie wollen, dass er vom Sofa geht oder sich hinlegt, oder wenn er Essensreste auf dem Frühstückstisch beschnüffelt. Da überrascht es nicht, wenn Ihr Hund verwirrt dreinblickt oder Sie komplett ignoriert. Stellen Sie zudem sicher, dass Ihre ganze Familie dieselben Kommandos verwendet.

LERNEN SIE SEINE KÖRPERSPRACHE

Wenn Sie die Körpersprache Ihres Hundes richtig deuten können, sind Sie in der Lage, ihm bei Problemen zu helfen. Wissen Sie, dass sein Gähnen ein Anzeichen für Stress ist und nicht für Müdigkeit oder Langeweile, werden Sie ihn beim Training stärker unterstützen, anstatt es vorzeitig abzubrechen, weil Sie glauben, er habe genug.

LOBEN SIE IHREN HUND

Genau wie im Umgang mit Kindern konzentrieren wir uns auch bei Hunden oft zu sehr auf das negative Verhalten, weil wir das positive als selbstverständlich ansehen. Vermeiden Sie diesen Fehler und geben Sie sich große Mühe, wenn Sie Ihren Hund loben. Zeigt er das gewünschte Verhalten nicht, ignorieren Sie ihn. Ihm wird das Lob fehlen und er wird begreifen, dass gutes Verhalten mit Freude, Spielen und Leckerlis einhergeht.

◀ *Bleiben Sie ruhig und belohnen Sie Ihren Welpen stets, wenn er etwas gut gemacht hat.*

▶ *Je entspannter das Training ist, desto besser lernt Ihr Hund. Üben Sie am besten dann mit ihm, wenn Sie beide gut gelaunt sind.*

◄ *Eine Box ist ein sicherer Platz und ein gute Hilfe beim Toilettentraining.*

Vergessen Sie nicht, ihn zu loben, wenn er ruhig neben Ihnen liegt, und streicheln Sie ihn, wenn er an Ihrer Seite sitzt, während Sie in ein Gespräch vertieft sind. Je öfter Sie dieses Verhalten loben, desto öfter wird er es an den Tag legen.

HABEN SIE STETS LECKERLIS DABEI

Sie wissen nie, wann sich Ihnen eine Gelegenheit bietet, das positive Verhalten Ihres Hundes durch eine Belohnung zu untermauern. Halten Sie also stets Leckerlis bereit.

SORGEN SIE FÜR EINE ADÄQUATE UMGEBUNG

Falls Ihr Hund den Abfalleimer durchstöbert, Essen von der Arbeitsplatte stibitzt oder Besucher anspringt, sollten Sie seine Umgebung dementsprechend anpassen, bis Sie ihm diese Verhaltensweisen abgewöhnen können. Stellen Sie den Abfalleimer beziehungsweise das Essen außer Reichweite Ihres Hundes, und wenn Besuch kommt, locken Sie ihn mit ein paar Leckerlis in die Küche. Bringen Sie auch Ihren Kindern bei, ihre Spielsachen wegzuräumen, damit der Hund nicht damit weglaufen kann. Indem Sie Ihre Umgebung hundesicher gestalten, vermeiden Sie Probleme zwischen Ihnen und Ihrem Hund.

VERWENDEN SIE EINE BOX

Bei sachgemäßer Anwendung ist die Hundebox ein gutes Hilfsmittel. Hier kann sich Ihr Hund wie in seinem eigenen Reich fühlen und sie bietet Ihnen Sicherheit, wenn Sie ihn einmal nicht beaufsichtigen können. Außerdem ist die Box eine ausgezeichnete Lösung, wenn Kinder im Haus herumtollen und Sie nicht wollen, dass Ihr Hund sie anspringt, zwickt oder zu sehr von ihnen in Aufregung versetzt wird. Fahren Sie mit Ihrem vierbeinigen Freund in den Urlaub, lassen Sie ihn am Feriendomizil in der Box schlafen, damit er Sie mit seinem Winseln weckt, wenn er sein Geschäft verrichten muss.

VERGESSEN SIE NICHT: ER IST EIN HUND

Das Verhalten Ihres Hundes ist typisch für Hunde. Vergessen Sie das nicht. Das Beißen, Bellen, Buddeln und Kämpfen ist uns zwar manchmal unangenehm, aber für ihn völlig natürlich. Wir können sein Verhalten jedoch beeinflussen und akzeptabler gestalten. Überlassen Sie die Erziehung Ihres Hundes also nicht dem Zufall – er muss trainiert werden.

▲ *Oft ist das Training bereits die Belohnung.*

ABER VOR ALLEM: HABEN SIE SPASS

Das Training sollte entspannt ablaufen und Spaß machen. Je glücklicher und selbstbewusster Ihr Hund ist, desto schneller wird er auf Ihre Kommandos reagieren. Wenn die Übungen also nicht gut funktionieren, machen Sie eine Pause und überdenken Sie Ihre Strategie.

▼ *Die ganze Familie sollte an der Hundeerziehung teilnehmen – und Spaß dabei haben.*

HÄUFIGE PROBLEME

Beißen, Kauen, Buddeln, Stibitzen und die ständige Suche nach Aufmerksamkeit – gerade in den ersten Monaten werden Sie sich oft fragen, ob Sie sich mit der Anschaffung Ihres Hundes wirklich einen Gefallen getan haben. Einige dieser Verhaltensweisen sind genetisch bedingt. Hütehunde (Collie und Shepherd) zum Beispiel sind dafür bekannt, dass sie gern einmal zuschnappen, während Terriern das Buddeln im Blut liegt. Sie werden es nicht schaffen, diese Wesenszüge völlig auszumerzen, aber Sie können daran arbeiten. Natürlich möchte jeder gern einen perfekten Hund, aber den gibt es leider nicht. Doch mit Liebe, Verständnis und der nötigen Konsequenz (sowie manchmal auch der Hilfe eines Experten) lassen sich fast alle Probleme lösen.

◄ *Welpen spielen mit allem, was auf dem Boden herumliegt, inklusive Stromkabeln, Handys und Schuhen. Sorgen Sie deshalb für eine hundesichere Umgebung und ausreichend Kauspielzeug.*

Beißen

► *Beißen gehört zum natürlichen Verhalten eines Welpen, aber von wildem Toben sollte er abgehalten werden.*

Wie ein Baby erkundet auch Ihr Welpe die Beschaffenheit und den Geschmack eines Gegenstandes, indem er ihn in den Mund nimmt und darauf herumkaut. Ein Welpe lernt jedoch von klein auf, dass seine Zähne verletzen können und dass sein Beißverhalten negative Konsequenzen haben kann. Wenn er beispielsweise seiner Mutter beim Säugen weh tut, wird sie aufstehen und weggehen. Auch macht er die Erfahrung, dass seine Geschwister ebenfalls Zähne haben, die ihn verletzen können. Das endet für gewöhnlich in einer Rangelei, oder ein Welpe weigert sich nach einem schmerzhaften Biss, weiterzuspielen.

Leider kann ein Welpe sehr hartnäckig sein. Beißt er ein Kind, kann dessen Schreien und Kreischen dazu führen, dass er sich in Rage beißt. Genauso wird er Sie umso häufiger anspringen, je häufiger Sie ihn von sich wegschieben. Welpen, die sich so verhalten, sind reizüberflutet und übermüdet – oder es handelt sich um einen Terrier. Am besten reagieren Sie darauf, indem Sie ruhig aufstehen und das Spiel beenden. Sollte der Welpe Ihnen nachrennen und Sie ins Hosenbein beißen, setzen Sie ihn für eine Auszeit in seine Box. Sie werden sehen, dass er sich hinlegt und einschläft. Reagieren Sie in dieser Situation hektisch, stachelt das Ihren Hund nur noch mehr an. Bedenken Sie, dass Hunde nur eine Möglichkeit haben, sich zu verteidigen – ihre Zähne. Sie sind deswegen nicht bösartig, sie sind einfach Hunde.

Um Ihrem Hund beizubringen, nicht fest zuzubeißen beziehungsweise Menschen gar nicht zu beißen, müssen Sie sich wie seine Geschwister verhalten. Wenn Ihr Welpe Ihnen einen schmerzhaften Biss zufügt, schreien Sie schrill auf und drehen ihm den Rücken zu. Er sollte zurückweichen und anschließend möglicherweise zu Ihnen kommen, um Sie abzulecken. Stellen Sie zudem sicher, dass genügend geeignetes Kauspielzeug vorhanden ist.

Je älter Ihr Welpe wird, desto weniger eignet sich diese Methode. Ein älterer Hund wird mit noch mehr Elan auf Sie losgehen, wenn Sie aufschreien. Um das zu vermeiden, sollten Sie das Spiel beenden, aufstehen und gehen. Folgt Ihr Hund Ihnen weiterhin, bringen Sie ihn ohne großes Aufheben in seine Box. Es ist wichtig, dass alle im Haus auf dieselbe Weise reagieren, um wildes Toben zu unterbinden.

SO BRINGEN SIE IHREM WELPEN BEI, NICHT ZU BEISSEN

1 Welpen beißen in alles, was sich bewegt und ihre Aufmerksamkeit erregt, einschließlich Hosenbeinen.

2 Wenn Ihr Hund Sie beißt, drehen Sie ihm den Rücken zu, ignorieren ihn und gehen weg.

3 Falls Sie ihn nicht ignorieren können, geben Sie ihm etwas, das er beißen darf.

Kauen

Das Kauen ist etwas, das alle Welpen und jungen Hunde genießen. Es beginnt für gewöhnlich in den Phasen, in denen sie ihre Zähne bekommen: bei Welpen mit 4 Monaten, bei jungen Hunden mit 8 Monaten. Während dieser Zeit erkundet Ihr Welpe wirklich alles mit seinem Maul und es liegt an Ihnen, ihm beizubringen, auf welchen Gegenständen er herumkauen darf und auf welchen nicht.

Ihre Habseligkeiten wirken auf Ihren Welpen wie ein großes Sammelsurium an Kauspielzeugen. Allerdings sind einige davon gefährlich, darunter Elektro- und Telefonkabel, Handys und giftige Pflanzen (auch Knollen, die leicht ausgegraben werden können). Abgelegte Schuhe und Kleidung sind für ihn ebenso verführerisch wie Kinderspielzeug. Insofern sollten alle Haushaltsmitglieder darauf achten, ihre Sachen wegzuräumen. Sorgen Sie auch dafür, dass sich sämtliche Schranktüren richtig schließen lassen – besonders in der Küche –, sodass Ihr Hab und Gut sicher ist.

► *Kauen ist normal, wenn Ihr Hund zahnt. Versorgen Sie ihn mit einer guten Auswahl an Kauspielzeugen.*

Den Kautrieb Ihres Welpen können Sie nicht abstellen, aber Sie können dafür sorgen, dass er nicht auf gefährlichen Gegenständen herumkaut. In guten Zoohandlungen erhalten Sie viele verschiedene Arten von nahezu unzerstörbarem Kauspielzeug und beim Metzger bekommen Sie rohe Schienbeinknochen vom Rind. Geben Sie Ihrem Welpen niemals Knochen vom Huhn, Schwein oder Lamm, denn diese splittern leicht. Und die Knochensplitter können nach dem Verschlucken den Magen und den Darm verletzen und eine Behandlung notwendig machen. Ebenso sollten Sie Ihrem Hund kein Plastikspielzeug geben. Dieses kann ebenfalls in kleine Stücke zerbrechen, die im Hals oder im Magen stecken bleiben und beim Stuhlgang dann zu Rissen und Blutungen führen können.

Schauen Sie sich im Haus um und überlegen Sie, an welchen Dingen Ihr Welpe noch interessiert sein könnte. Räumen Sie alles beiseite, worauf er besser nicht herumkauen sollte. Geben Sie ihm stattdessen einige Spielzeuge und Snacks zum Kauen, die so groß sind, dass er sie nicht verschlucken kann.

Gegen entzündetes Zahnfleisch beim Zahnen hilft ein zusammengeknotetes Küchentuch, das Sie in Wasser tränken und dann gefrieren lassen. Im Handel erhalten Sie zudem spezielles Spielzeug, das Sie in das Gefrierfach legen können.

SO BRINGEN SIE IHREM WELPEN BEI, NICHT AUF GEGENSTÄNDEN HERUMZUKAUEN

1 Halten Sie gefährliche Dinge, wie Elektrokabel, Handys und Pflanzen von Ihrem Welpen fern.

2 Sorgen Sie für gutes Kauspielzeug, das Sie Ihrem Hund als sichere Alternative anbieten können.

3 Kalte Spielzeuge – wie ein Tuch, das in Wasser getränkt und gefroren wurde – lindern Zahnfleischschmerzen.

Buddeln

► *Graben liegt Ihrem Hund im Blut, deshalb braucht er einen eigenen Bereich im Garten. Lassen Sie ihn dort aber nie längere Zeit allein.*

Sieht Ihr Garten aus, als würden dort archäologische Grabungen stattfinden? Haben Sie große Löcher im Rasen? Wurden Ihre Blumenbeete umgegraben? Wenn ja, haben Sie mit Sicherheit einen Welpen! Die meisten Hunde buddeln hin und wieder ein Loch, um ein Spielzeug zu vergraben oder einfach zum Spaß.

Die beste Methode, dieses Verhalten – im wahrsten Sinne des Wortes – einzudämmen (ganz ausmerzen können und sollten Sie es nicht), besteht darin, einen Teil des Gartens abzuzäunen, sodass ein klar umrissener Bereich entsteht. Vergraben Sie dort einige seiner Lieblingsspielzeuge oder Hundekekse, um ihm beizubringen, dass er in diesem Bereich nach Herzenslust buddeln darf.

Sollte er in einem anderen Teil des Gartens graben, jagen Sie ihn nicht davon. Sie bringen ihm damit nur ein neues Spiel bei – und wenn er das nächste Mal spielen möchte, beginnt er einfach wieder zu graben, damit Sie ihn fangen. Falls Sie partout nicht möchten, dass Ihr Hund im Garten gräbt, kaufen Sie ihm einen Sandkasten. Füllen Sie diesen mit Bausand auf und vergraben Sie dort sein Spielzeug oder einige Hundekekse. Decken Sie den Sandkasten nachts jedoch ab, damit die Nachbarskatzen ihn nicht als Toilette benutzen.

Einige Hunde versuchen auch wegzulaufen, indem sie sich unter dem Gartenzaun durchgraben. Sollten sie das schaffen, kann es gefährlich werden. Entsprechend müssen Sie sofort reagieren. Große Steine oder Findlinge in den Bereichen, in denen er gräbt, können ihn davon abhalten. Am besten ist, ein starkes Drahtgeflecht am unteren Ende des Zauns anzubringen, das mindestens 60 Zentimeter in den Boden reicht. Sorgen Sie dafür, dass keine scharfen Kanten an der Begrenzung sind, damit Ihr Hund sich die Pfoten nicht verletzt.

Auf lange Sicht sollten Sie versuchen, herauszufinden, warum Ihr Hund weglaufen möchte. Hat er nicht genügend Auslauf oder könnte er gelangweilt sein? Ängstigt ihn irgendetwas im Garten? Beobachten Sie ihn eine Zeit lang, um seine Motive zu ergründen. Mehr Auslauf, geistige Stimulation und viel Nähe werden Ihnen bei der Lösung dieses Problems helfen.

SO BRINGEN SIE IHREM HUND BEI, NUR IN EINEM BESTIMMTEN BEREICH ZU BUDDELN

1 Trennen Sie einen Teil des Gartens ab, in dem Ihr Hund graben kann. Dies kann durch ein Gitter geschehen.

2 Vergraben Sie einige Spielzeuge in diesem Teil des Garten. Lassen Sie Ihren Hund dabei zusehen.

3 Ermutigen Sie Ihren Hund, danach zu suchen, und loben Sie ihn, wenn er seinen vergrabenen Schatz findet.

Anspringen

▲ *Lästiges Hochspringen kann zu einer gefährlichen Angewohnheit werden.*

Besonders wenn Ihr Hund zu einer großen Rasse gehört, kann es zu einem ernsten Problem werden, wenn er Menschen anspringt. Springt er an einem Kind oder einer älteren Person hoch, besteht sogar die Gefahr von Verletzungen. Das ist bei kleineren Hunden zwar weniger der Fall, nichtsdestotrotz können sie mit ihrem ungebändigten Enthusiasmus und ihren matschigen Pfoten Ihre Nerven arg strapazieren. Leider bringen wir Welpen ungewollt bei, hochzuspringen, da wir uns sonst bücken müssten, um sie zu begrüßen. Welpen wachsen jedoch so schnell, dass sich dieses Verhalten innerhalb von drei Monaten bereits zu einem Problem entwickelt.

Es ist sehr wichtig, Ihrem Hund beizubringen, Menschen nicht anzuspringen, da dies schwerwiegende Folgen haben kann. Ein Fremder könnte diese überschwängliche Begrüßung als Angriff missverstehen und sich über Ihren Hund beschweren. Und in diesem Fall einen Mangel an Erziehung als Entschuldigung anführen zu müssen ist keine gute Verteidigung! Sie müssen sicherstellen, dass Sie Ihren Hund zu jeder Zeit unter Kontrolle haben.

Für das Training bitten Sie Ihre Familie und Freunde um Hilfe. Leinen Sie Ihren Welpen an und bitten Sie eine Person, sich ihm zu nähern und sofort anzuhalten, sobald er versucht, an ihr hochzuspringen. Ignorieren Sie ihn, bis er sich beruhigt hat, anschließend belohnen Sie ihn mit einem Leckerli. Bitten Sie nun die Person, einige Schritte zurückzugehen und erneut auf den Hund zuzugehen. Nach nur vier oder fünf Anläufen sollte Ihr Hund verstanden haben, dass er zur Begrüßung sitzen soll. Üben Sie diese Form der Begrüßung mit allen Familienmitgliedern, besonders mit Kindern. Sie als Besitzer sollten dabei immer die Belohnung übernehmen. Ansonsten geht Ihr Hund davon aus, dass er von jedem Besucher ein Leckerli bekommt. Springt Ihr Hund Sie auch in anderen Situationen an, zum Beispiel wenn Sie die Tür öffnen, möchte er vermutlich Ihre Aufmerksamkeit erregen. Entfernen Sie sich einige Schritte von ihm, sobald er dieses Verhalten an den Tag legt.

Es kann viel Zeit und Geduld in Anspruch nehmen, Ihrem Hund das Anspringen abzugewöhnen, aber seien Sie beharrlich.

SO BRINGEN SIE IHREM HUND BEI, NIEMANDEN ANZUSPRINGEN

1 Lassen Sie sich von jemandem helfen. Bitten Sie den Helfer, sich Ihrem angeleinten Hund zu nähern.

2 Bitten Sie Ihren Helfer, knapp außerhalb der Reichweite Ihres Hundes stehen zu bleiben.

3 Setzt sich Ihr Hund schließlich hin, belohnen Sie ihn mit einem Leckerli, während der Helfer stehen bleibt.

Bellen

► *Bellen ist eine lästige Angewohnheit. Identifizieren Sie seine Ursachen, um es unter Kontrolle bringen zu können.*

Es gehört zu ihrer Natur, dass Hunde hin und wieder bellen. Tun sie das jedoch ständig, kann es zu Problemen mit Nachbarn oder den Behörden kommen. Bellt Ihr Hund, wenn er allein gelassen wird, kann das verschiedene Ursachen haben. Er ist möglicherweise gelangweilt, bewacht sein Zuhause oder leidet unter Trennungsangst. Viele Welpen fürchten sich, wenn ihre Besitzer sie allein lassen – und wenn ein Hund Angst hat, bellt er. Aber Sie können dieses Problem in den Griff kriegen.

Zuerst müssen Sie die Ursache identifizieren. Vielleicht hat Ihr Hund nicht ausreichend Bewegung und zu wenig Möglichkeiten, sein Geschäft zu verrichten (Hunde hassen es, ihre Notdurft im Haus zu verrichten). In diesem Fall sollten Sie jemanden engagieren, der ihn ausführt. Versuchen Sie, vor der Arbeit mit ihm spazieren zu gehen, und lassen Sie ihm eine reiche Auswahl an Spielsachen da, damit er sich allein beschäftigen kann. Sollte er bellen, wenn Fußgänger am Fenster vorbeigehen, schließen Sie die Tür zu dem entsprechenden Zimmer, sodass er nicht nach draußen sehen kann. Bellt Ihr Hund, weil er verdächtige Geräusche hört und Alarm schlagen will, lassen Sie das Radio an, wenn Sie das Haus verlassen. Das dämpft andere Geräusche und Ihr Hund hat weniger das Gefühl, sein Zuhause bewachen zu müssen. Einige Hunde bellen auch Katzen oder Vögel im Garten an. Ziehen Sie die Vorhänge zu, um dies zu vermeiden.

Es ist Ihre Aufgabe, herauszufinden, warum Ihr Hund bellt. Beobachten Sie ihn aufmerksam und versuchen Sie, die Situation zu ändern.

SO BRINGEN SIE IHREM HUND BEI, NICHT ZU BELLEN

1 Einige Hunde leiden unter Trennungsangst und fangen zu bellen an, sobald ihr Besitzer das Haus verlässt.

2 Lassen Sie Ihrem Hund verschiedene Spielsachen da, damit er sich allein beschäftigen kann.

3 Falls Ihr Hund längere Zeit allein sein muss, engagieren Sie einen Gassigeher, damit Ihr Hund Auslauf bekommt.

Gegenstände stibitzen

► *Hunde stibitzen Gegenstände, weil ihnen Fangspiele Spaß machen. Trainieren Sie deshalb mit ihm das Kommando „Gib".*

In freier Wildbahn sind Hunde echte Opportunisten. Wenn sie etwas sehen, das sie haben wollen, werden sie immer versuchen, es zu bekommen – auch wenn das einen Kampf bedeutet. Und obwohl es sich um einen natürlichen Instinkt handelt, stößt er bei den wenigsten Haltern auf Gegenliebe.

Glücklicherweise hat sich das Verhalten wilder Hunde verändert, seitdem sie domestiziert wurden. Die Haustiere von heute verspüren nicht mehr einen derart starken Drang, etwas haben zu wollen, und auch der Grund für das Stibitzen von Gegenständen hat sich etwas geändert.

Ein Haushund stiehlt nur aus einem Grund – um Aufmerksamkeit zu erhalten. Und vielleicht ist sein Besitzer beim ersten Mal schimpfend aufgestanden und ihm hinterhergelaufen, um das Diebesgut wiederzubekommen. Damit hat er den Hund ungewollt mit einem Fangspiel belohnt. Was macht dieser also als Nächstes? Einen weiteren Gegenstand stibitzen und darauf warten, dass sein Besitzer ihm nachjagt.

Um Ihrem Hund beizubringen, keine Dinge zu stehlen, müssen Sie dieses Verhalten ignorieren. Können Sie das nicht, geben Sie ihm das Kommando „Aus" oder „Gib". Reagiert er darauf nicht, klingeln Sie an der Tür, damit er loseilt, um nachzuschauen, wer zu Besuch kommt. Oder Sie verteilen ein paar Leckerlis auf dem Boden. Er wird den Gegenstand schnell fallen lassen, um sie zu fressen. Drängen Sie Ihren Hund nie in eine Ecke. Er könnte Angst bekommen. Am Ende haben Sie ihm so nur beigebracht, dass er sein Diebesgut bewachen muss.

SO BRINGEN SIE IHREM HUND BEI, KEINE GEGENSTÄNDE ZU STIBITZEN

1 Ignorieren Sie Ihren Hund nicht, wenn er etwas Wichtiges wie ein Geschirrtuch stibitzt.

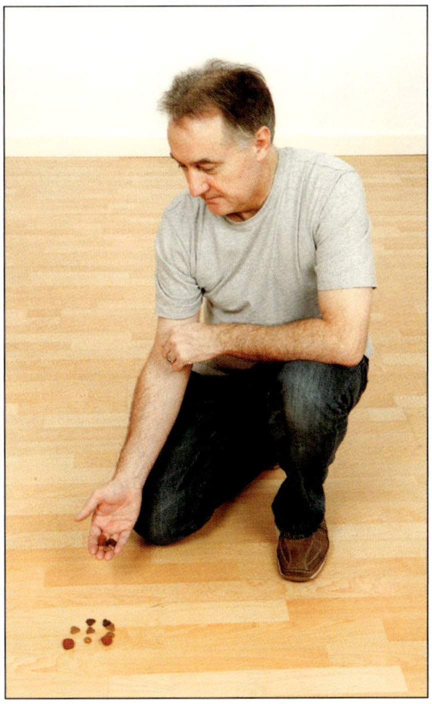

2 Verteilen Sie ein paar Leckerlis auf dem Boden und geben Sie das Kommando „Aus" oder „Gib".

3 Loben Sie Ihren Hund, wenn er die Leckerlis frisst, und nehmen Sie Ihren Gegenstand wieder an sich.

Essen stehlen und bei Tisch betteln

Wenn es ums Fressen geht, können Hunde (verständlicherweise) zu einer echten Plage werden. Einige Halter plädieren in diesem Fall dafür, den Hund zu bestrafen und stellen sogar Fallen auf. Aber die Verlockung ist so groß, dass die meisten Hunde dieses Risiko in Kauf nehmen. Dabei ist es eigentlich ganz einfach, Ihren Hund davon abzuhalten, Ihr Essen zu mopsen: Lassen Sie es nicht unbeaufsichtigt in seiner Reichweite stehen.

Das Gleiche gilt, wenn Ihr Hund den Abfalleimer durchstöbert – stellen Sie ihn weg. Das sollten Sie schon allein aus Sicherheitsgründen tun, denn einige Abfälle (kaputte Gläser, leere Blechdosen oder scharfkantige Hühnerknochen) können Ihrem Hund durchaus gefährlich werden. Gehen Sie hier kein Risiko ein. Manche Hunde schaffen es sogar, die Kühlschranktür zu öffnen, was Sie jedoch leicht mit einer entsprechenden Kindersicherung unterbinden können.

Weiterhin ist wichtig, dass Sie nicht den großen, flehenden Hundeaugen erliegen, mit denen Ihr Hund Sie bei Tisch anschaut. Geben Sie seinem Betteln nach, wird er ein Leben lang versuchen, etwas von Ihrem Essen abzubekommen. Und oft bleibt es nicht nur beim Schauen, sondern Ihr Hund beginnt zu pföteln, zu winseln und zu bellen, sodass Sie keine Mahlzeit mehr in Ruhe genießen können.

Kinder erliegen besonders leicht dem Charme eines bettelnden Hundes, der nur allzu gern bereit ist, die Reste oder ungeliebte Beilagen zu „entsorgen“. Deshalb sollten Sie Ihren Kindern unbedingt erklären, warum sie den Hund bei Tisch keinesfalls füttern dürfen.

Wollen Sie Ihrem Hund eine Freude machen, verwenden Sie dazu das Futter aus seinem Napf. Während Sie essen, können Sie ihn auch mit einem Leckerli beschäftigen, das Sie in seinem Körbchen oder seiner Box verstecken.

▲ *Ein bettelnder Hund wird schnell zum Problem. Bleiben Sie hart.*

SO BRINGEN SIE IHREM HUND BEI, KEIN ESSEN ZU STEHLEN UND NICHT BEI TISCH ZU BETTELN

1 Lassen Sie kein Essen auf der Arbeitsplatte stehen oder stellen Sie es so hin, dass Ihr Hund es nicht sieht.

2 Verstauen Sie den Mülleimer außer Reichweite Ihres Hundes, zum Beispiel im Schrank unter der Spüle.

3 Verstecken Sie ein Leckerli im Körbchen oder der Box Ihres Hundes. Das hält ihn beschäftigt, während Sie essen.

Auf dem Sofa liegen

Vielleicht wollen Sie nicht, dass Ihr Hund auf dem Sofa liegt, weil er so viel Platz braucht oder mit seinen Pfoten alles schmutzig macht. Doch wie können Sie das verhindern? Keinesfalls sollten Sie hektisch reagieren und ihn unter lautstarkem Schimpfen am Halsband von der Couch zerren. Damit erreichen Sie nur, dass er Sie das nächste Mal anknurrt, was die Sache letztlich nur noch schlimmer macht.

► Bringen Sie Ihrem Hund zunächst bei, auf das Sofa zu springen – und belohnen Sie ihn dann fürs Herunterspringen.

Der beste Weg, Ihren Hund vom Sofa zu bekommen, ist, ein Spiel mit ihm zu spielen. Locken Sie ihn mithilfe einiger Leckerlis zunächst *auf* das Sofa, das Sie gegebenenfalls vorher mit einer alten Decke abdecken. Springt er auf das Sofa, belohnen Sie ihn mit einem Leckerli. Dann halten Sie ein weiteres Leckerli in die Nähe des Bodens, um ihn wieder herunter zu locken. Und genau in diesem Moment, wenn er das Sofa verlässt, sagen Sie: „Runter!" Wiederholen Sie diese Übung einige Male. Sobald Ihr Hund das Kommando „Runter" begriffen hat, sollten Sie keine Schwierigkeiten mehr haben, ihn von Ihrer Couch zu bekommen.

Darf Ihr Hund in Ihr Schlafzimmer, können Sie ihn auf dieselbe Weise auch von Ihrem Bett scheuchen. Den ersten Teil der Übung können Sie zudem nutzen, um ihm beizubringen, auf die Rückbank Ihres Autos zu springen.

Wie bereits erwähnt, kann ein Hund auf den Versuch, ihn vom Sofa zu vertreiben, mit Knurren reagieren. Das ist eine erlernte Reaktion: Vermutlich hat ihn sein Besitzer das erste Mal am Halsband gepackt und ihm dabei wehgetan. In diesem Fall nimmt der Hund beim nächsten Mal eine Verteidigungshaltung ein und knurrt als Warnung.

SO BRINGEN SIE IHREM HUND BEI, NICHT AUF DEM SOFA ZU LIEGEN

1 Beginnen Sie das Training damit, Ihren Hund mithilfe eines Leckerlis auf das Sofa zu locken.

2 Springt er auf das Sofa, verwenden Sie das Kommando „Spring" und belohnen ihn mit einem Leckerli.

3 Locken Sie ihn dann wieder vom Sofa herunter und sagen Sie „Runter", sobald er es verlässt.

Aufmerksamkeit suchen

▲ *Hunde verlangen oftmals dann Ihre Aufmerksamkeit, wenn Sie etwas anderes tun.*

Hunde haben ein breites Repertoire an Verhaltensmustern, um die Aufmerksamkeit ihres Herrchens zu erregen: bellen, Gegenstände stehlen, pföteln, mit dem Schwanz wedeln, hochspringen, Spielzeug in den Schoß legen und besteigen. Am besten ignorieren Sie ein solches Verhalten, aber leider ist das nicht immer möglich. Denn wenn Ihr Hund beispielsweise versucht, ein Kind oder das Bein eines Besuchers zu besteigen, müssen Sie reagieren.

Die Gründe, warum Ihr Hund nach Aufmerksamkeit sucht, können vielfältig sein. Diese Gründe herauszufinden ist genauso wichtig, wie das entsprechende Fehlverhalten zu korrigieren. Lassen Sie Ihren Hund möglicherweise zu oft allein? Bekommt er nicht genügend Bewegung? Wenn ja, versuchen Sie sich etwas mehr Zeit für Ihren Hund zu nehmen. Glauben Sie, dass Ihr Hund gelangweilt und geistig nicht genug gefordert ist, dann besuchen Sie mit ihm entsprechende Hundekurse und besorgen Sie ihm Lernspielzeug. Sie können viel tun, um seine Umgebung interessanter und anregender zu gestalten, was sich positiv auf sein Verhalten auswirken wird.

Wägen Sie sorgfältig ab, wie Sie reagieren, wenn Ihr Hund nach Aufmerksamkeit sucht. Schreien Sie ihn an, weil Sie gerade versuchen zu telefonieren, geben Sie ihm genau die Aufmerksamkeit, die er haben möchte. Auch indem Sie hinter ihm herlaufen, weil er das Geschirrtuch geklaut hat, belohnen Sie sein Verhalten. Eine Änderung seines Verhaltens werden Sie aber nur dann erzielen, wenn Sie ihm genau das vorenthalten – Ihre Aufmerksamkeit.

Versucht Ihr Hund, Ihre Aufmerksamkeit zu erregen, stehen Sie auf, verlassen das Zimmer und schließen hinter sich die Tür. Nach etwa einer Minute kommen Sie wieder zurück. Nun wir Ihr Hund seine Bemühungen vermutlich noch verstärken. Stehen Sie wieder auf und verlassen Sie das Zimmer. Wenn Sie konsequent sind, sollte das Problem innerhalb von 5 Tagen gelöst sein.

Beziehen Sie unbedingt die ganze Familie in das Training ein, denn wenn Sie Ihrem Hund die gewünschte Aufmerksamkeit nicht schenken, wird er sie bei einem anderen Familienmitglied suchen.

SO REAGIEREN SIE AUF DIE ÜBERZOGENE SUCHE NACH AUFMERKSAMKEIT

1 Hochspringen und das Bringen von Spielzeug sind typische Verhaltensmuster, um Ihre Aufmerksamkeit zu bekommen.

2 Tadeln Sie Ihren Hund nicht, sondern stehen Sie auf und verlassen Sie das Zimmer. Geben Sie ihm nicht die Aufmerksamkeit, die er haben möchte.

3 Belohnen Sie Ihren Hund, wenn er sich so verhält, wie Sie sich das wünschen. Streicheln Sie ihn, wenn er ruhig auf dem Boden liegt.

Probleme bei älteren Hunden

Zeigt Ihr Hund ein problematisches Verhalten, das nicht in diesem Buch behandelt wurde, fragen Sie am besten einen Spezialisten um Rat. Vor allem bei aggressivem Verhalten gegenüber Menschen und anderen Hunden sollten Sie professionelle Hilfe suchen. Einige Probleme können auch eine medizinische Ursache haben, die von einem Tierarzt behoben werden kann. Beobachten Sie Ihren Hund und führen Sie ein Tagebuch. Notieren Sie genau, was er tut, wann er es tut, wie lange er es tut und welche äußeren Faktoren einen Einfluss auf sein Verhalten haben könnten. Versuchen Sie nicht, Ihren Hund einfach aufs Geratewohl selbst zu behandeln. Sie könnten das Problem noch verschlimmern und am Ende bleibt Ihnen möglicherweise nichts weiter übrig, als den Hund ins Tierheim zu bringen.

Benötigen Sie professionelle Hilfe, zögern Sie nicht, sich diese zu holen. Fragen Sie Ihren Tierarzt sowie Freunde und Bekannte nach einem guten Verhaltenspsychologen und/oder Trainer. Diese Spezialisten kosten natürlich Geld, aber es ist gut angelegt, wenn Sie auf diesem Weg ein befriedigendes Ergebnis erzielen können.

Nehmen Sie Ihr Hunde-Tagebuch mit zu Ihrem ersten Termin. Es hilft dem Trainer oder Psychologen, sich ein klares Bild von der Verhaltensstörung Ihres Hundes zu machen. Gegebenenfalls wird er Ihnen einige Änderungsvorschläge bezüglich der Lebensweise Ihres Hundes unterbreiten und ein entsprechendes Trainingsprogramm erarbeiten.

Erwarten Sie keine Lösung über Nacht, aber mit Geduld, Beharrlichkeit und Verständnis können die meisten Probleme aus der Welt geschafft oder zumindest deutlich gemildert werden.

► Verhaltensprobleme bei älteren Hunden sind oft schwierig zu diagnostizieren und zu behandeln. Zögern Sie nicht, sich professionelle Unterstützung zu holen, vor allem wenn Ihr Hund aggressiv gegenüber Menschen und anderen Hunden ist.

PROFESSIONELLE HILFE BEI AGGRESSIVEM VERHALTEN

1 Verhält sich Ihr Hund aggressiv, benötigen Sie möglicherweise professionelle Hilfe von einem Hundetrainer.

2 Ein guter Trainer wird den Hund beobachten, um die Gründe für das aggressive Verhalten herauszufinden.

3 Ist die Ursache klar, hilft der Trainer Ihnen, das unerwünschte Verhalten in den Griff zu bekommen.

Register

DANKSAGUNG

Die Fotografen, Robert und Justine Pickett danken allen, die ihnen geholfen haben, insbesondere Rosie Pilbeam, Libby Norman und Patsy Parry.

Der Verlag möchte sich bei den folgen Hundehaltern und Modellen bedanken: Jackie Aldis; Julie und Paige Allen; Samantha Appleby; Nikki Barrett; Reece Bridger; Lisa Bright; Deborah Cambell; Miranda Cornwall; Kirsty Cowie; Mr. E. Crowdy; Loraine Day; Claire Dennis; Karen Fenwick; Anthony, Alison, Emma und Lucy Garrett; Keeley Harrison; Gemma und Megan Holdaway; Bob Humfrey; Laurence Irvine; Claire John; Emma Mather; Roy und Jill Matthews; Sam McIntyre; Koray Mustata; Libby, Ethan und Zak Norman; Matthew Nye; Tom Parham; Robert und Justine Pickett; Rosie Pilbeam; Russell und Debbie Pitman; Pip Ramel; David Shepherd; Max Spencer; Lewis Stephenson; Emily Stretton; Sally Tobutt; Jo und Louie Uffendell; Julie Watt; Alice Willett; Janette und Debra Wilson;

Dank auch an Patsy Parry, Robert und Justine Pickett sowie Lisa Owen dafür, dass sie ihr Anwesen als Location für die Fotos zur Verfügung gestellt haben.

Ebenfall danken möchte der Verlag den folgenden Personen und Anbietern für die Erlaubnis, ihre Bilder im Buch abzudrucken (o=oben, u=unten, l=links, r=rechts): Felicity Forster: 96; Lucy Doncaster: 32ol, 48u, 82o; iStockphoto: 11u, 13o, 18o, 18ur, 19o, 19ur, 32or, 32u, 33o, 42o, 95o.